DEVANT

SES ACTIONN[AIRES]

DEPUIS 1852 JUSQU'A NOS JOURS [...]

PAR

M. DE LIZ[...]

SE TROUVE À PARIS

CHEZ L'AUTEUR, RUE [...]

ET CHEZ TOUS LES LIBRAIRES

NICE

LA COMPAGNIE

DU

CHEMIN DE FER VICTOR-EMMANUEL

DEVANT

SES ACTIONNAIRES

IMPRIMERIE GÉNÉRALE DE CH. LAHURE
Rue de Fleurus, 9, à Paris.

LA COMPAGNIE

DU

CHEMIN DE FER VICTOR-EMMANUEL

DEVANT

SES ACTIONNAIRES

DEPUIS 1853 JUSQU'A NOS JOURS 1ᵉʳ JANVIER 1867

PAR

M. DE LIZARANZU

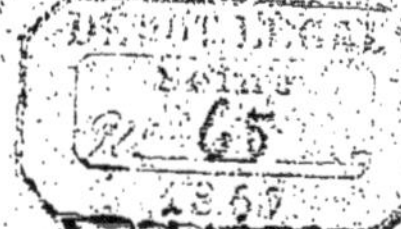

SE TROUVE A PARIS :

CHEZ L'AUTEUR, RUE SAINT-SAUVEUR, 81

ET CHEZ TOUS LES LIBRAIRES

1867

Il leur donna vingt rendez-vous qui furent toujours éludés. Il prétendait qu'un expert nommé par justice avait quelque chose de désobligeant pour la Société. Il voulait en nommer un autre à l'amiable.

Enfin, on était convenu d'arrêter tous les procès, et de nommer trois personnes pour faire un rapport sur ces fameux comptes. Mais il voulut les choisir à son gré toutes les trois. (J'en parle sciemment, puisque j'ai préparé la convention.) Alors ces messieurs comprirent que tous ces rendez-vous chez lui, au Jockey-Club et chez son avocat, n'étaient que de malins piéges, et abandonnèrent complétement tous pourparlers comme inutiles et même dangereux. Non-seulement, à l'appui de ces faits, il y a des témoins et une nombreuse correspondance, mais encore M. Ch. Laffitte ayant refusé de payer les services d'un de ses ambassadeurs, prétendant qu'il n'avait pu réussir dans ses démarches, s'est laissé intenter devant le Tribunal de commerce de la Seine un procès renvoyé aujourd'hui devant arbitre ; ce qui a tout révélé (nous avons lu l'assignation, nous avons suivi les débats et nous espérons avoir le jugement).

M. Ch. Laffitte a essayé d'autres moyens, mais toujours sous le prétexte d'accords possibles dans l'intérêt des actionnaires, mettant en avant son mot si souvent répété : *négociations importantes avec les gouvernements.*

Et je me suis souvent demandé si, ces messieurs acceptant, M. Ch. Laffitte aurait payé.

Ce qu'il voulait, c'était de les perdre dans l'esprit public, afin de désorganiser la défense des actionnaires, mais il n'a pas réussi.

Je reviendrai plus tard sur ce sujet, s'il est nécessaire ; mais l'honorabilité des délégués les met à l'abri de tous les piéges où leur désir d'être réellement utiles aux actionnaires et leur franchise auraient pu les faire tomber.

PROJET DE LOI SUR LA VENTE DU RÉSEAU DE SAVOIE.

Sur ces entrefaites, le gouvernement français, à l'exemple du gouvernement italien, qui, par le rachat de la ligne du Tessin, s'était exonéré de la garantie de 4 1/2 pour cent, soumit au Corps législatif un projet de loi tendant à l'acquisition de la ligne de Savoie et à la revente de la même ligne au profit des chemins de fer Lyon-Méditerranée.

Nous remarquons, dans ce projet de loi et dans la convention entre le gouvernement et les administrateurs du Victor-Emmanuel, que la Compagnie se déclare *Société anonyme établie à Chambéry*, et qu'elle élit domicile à Paris, rue Basse-du-Rempart, n° 48 *bis*.

Du reste, ces énonciations étaient les mêmes que celles qui étaient portées aux conventions faites avec la Compagnie, et au nouveau cahier des charges imposé par le gouvernement français, lors de l'annexion de la Savoie à la France.

Les délégués avaient compris que, si les actionnaires du Victor-Emmanuel n'étaient plus propriétaires du réseau de Savoie, ils n'auraient plus aucun recours contre les administrateurs devant les tribunaux français, et que cette Compagnie, se disant Société italienne, renverrait devant les tribunaux italiens toutes les réclamations, c'est-à-dire les étoufferait dès leur origine, parce qu'aucun actionnaire n'irait plaider en Italie, et que même, si une faillite était déclarée, il serait impossible d'en suivre le cours de l'autre côté des Alpes, où il n'y a pas ou peu d'actionnaires.

Les délégués se sont donc empressés d'aller exposer la situation de la Compagnie à MM. les membres de la Commission du Corps législatif, chargée d'examiner le projet de loi présenté par M. le ministre des Travaux publics et le conseil d'État.

Plusieurs membres du Corps législatif leur ont paru très-soucieux de la part active qu'avaient prise certains de leurs collègues dans diverses affaires de ce genre, et très-décidés à étudier celle-ci au point de vue moral.

Du reste, les députés représentent toute la France, et il y a de malheureux actionnaires du Victor-Emmanuel dans toutes les communes. Il ne paraîtra donc pas étonnant de voir la Chambre examiner de très-près les comptes d'une Société qui a absorbé sans résultat utile 208 millions pris sur l'économie du peuple. Nul ne doute que dans cette discussion tout l'intérêt ne se porte sur plus de 5000 actionnaires tous Français, et que l'opinion publique, dont M. Ch. Laffitte ne pourra pas alléguer l'incompétence, ne soit pour eux, puisque la Cour impériale de Chambéry a décidé qu'ils n'avaient pas en France d'autres juges ; et cependant les actionnaires et les administrateurs sont Français.

M. Ch. Laffitte a donc trouvé, sans dénaturalisation, le moyen d'en faire des Italiens justiciables de tribunaux italiens ; et nous ne doutons pas que la Chambre ne parle de ce moyen d'échapper à la justice.

Les délégués d'actionnaires, pensant que la situation de la Compagnie devait être pour le gouvernement français un sujet de protection, avaient adressé à S. M. l'Empereur une pétition qui est restée sans réponse, et avaient demandé à M. le ministre des Travaux publics de vouloir bien intervenir en faveur des actionnaires, qui sont tous Français, puisque dans le projet de loi présenté à la Chambre des députés dans la convention de 1863, et, en un mot, partout, aux qualités des parties il était dit : *Et la Société anonyme établie à Chambéry, sous la dénomination de Compagnie du chemin de fer Victor-Emmanuel.* M. le ministre leur a répondu, par sa lettre du 17 septembre 1866, qu'il n'avait pas à intervenir, parce que la Société était italienne et que, s'il était dit quelque part que la Société du Victor-Emmanuel était établie à Chambéry, *c'était une erreur de copiste.* Il m'a paru étonnant que cette erreur ait pu se produire en 1863 et se perpétuer devant le conseil d'État et devant la Chambre en 1866. J'espère que, lors de la discussion du projet de loi à la prochaine session, cette erreur disparaîtra.

Les délégués ont développé par écrit à MM. les députés quel était pour les actionnaires l'immense intérêt de conserver le réseau de Savoie ; ils leur ont dit que la majorité des actionnaires s'opposait à cette vente par une délibération d'assemblée et une protestation écrite ; que l'action intentée en nullité de la Société de 1863 était pendante ; que cette vente, loin de sauver les actionnaires, leur enlevait tout espoir et tout recours.

Alors ces messieurs, tenant compte de leurs raisons, et pour prendre le temps nécessaire à l'étude d'un projet de loi qui donnait matière à contestation dans les derniers moments de la session, l'ont renvoyé à la prochaine session de 1867. C'est donc aux actionnaires maintenant à se mettre en mesure judiciairement pour empêcher cette vente, et les délégués ont même à ce sujet adressé une pétition au Sénat.

Mais je me demande, maintenant que la Cour impériale de Chambéry vient de décider que la Compagnie était italienne et n'avait rien de français, si cet arrêt ne deviendra pas un embarras pour la Chambre et pour le gouvernement, à moins que pour les uns la Société ne soit italienne, et pour les autres française. Avant de se prononcer il faut savoir ce que diront les tribunaux de Paris, et je reçois à l'instant de mon agréé l'avertissement que ma réclamation en payement des coupons, vient à l'audience du 22 de ce mois au Tribunal de commerce.

JUGEMENT DU TRIBUNAL DE COMMERCE DE CHAMBÉRY.

DEMANDE D'UN ADMINISTRATEUR SÉQUESTRE.

Le coupon de juillet n'a pas été payé aux actionnaires, et cependant l'article 32 des statuts dit formellement que l'intérêt à 6 pour 100 sera payé aux actionnaires, même sur le capital, pendant tout le cours des travaux. Eh bien, pour des esprits sérieux, ce manque de payement n'est-il pas l'aveu de l'absorption complète du capital de la Société, et, en pareille circonstance, la Compagnie ne se met-elle pas elle-même en état de cessation de payements?

Que n'a-t-on pas dit aux malheureux actionnaires qui se présentaient? Pour les rassurer, on a même osé poser à la porte des bureaux une affiche de consolation, en promettant, pour le 28 du même mois, une assemblée dans laquelle les actionnaires devaient être consultés sur le payement du coupon.

Mais l'annonce du 21, qui a paru dans tous les journaux pour contremander cette assemblée, a suffisamment prouvé que cette manière de faire n'était qu'un moyen de gagner du temps, et que le conseil d'administration, n'ayant pas de bonnes raisons à donner, reculait devant une assemblée. En effet, que dire à des actionnaires ruinés? Quand le président et les membres du conseil d'administration vivent dans le plus grand luxe, se montrer à eux, c'est s'exposer à leur juste courroux.

Aussi, lorsqu'on parle à M. Ch. Laffitte des misères dont il est la cause, il répond toujours avec le sourire sur les lèvres: *Je croyais l'affaire bonne, elle est devenue mauvaise. Ce n'est pas de ma faute.*

Voilà ce qu'il est facile de dire, quand on ne prouve rien.

Il s'agissait donc pour les actionnaires de profiter de ce qu'ils étaient encore propriétaires du réseau de Savoie pour s'adresser énergiquement aux tribunaux, et faire vider la question de nullité de la Société de 1863. Mais pour cela, il fallait ce qu'on a maintenant: la preuve que tout ce qui a été fait l'a été avec des pouvoirs insuffisants, et par erreur de la part des actionnaires. Puis, il faut encore la preuve que la gestion a été mauvaise, que le capital a été mal employé; ce que l'on ne peut savoir qu'après un examen des comptes et des délibérations du conseil d'administration par des hommes compétents.

L'occasion n'a pas tardé à se présenter: un actionnaire, désespéré de voir ainsi disparaître le fruit de son travail et de ses économies, tandis que les gens qu'il a payés pour administrer sa chose sont dans l'opulence, a intenté devant le Tribunal de commerce de Chambéry une action ayant pour but de remplacer les administrateurs actuels par un *administrateur séquestre* qui ferait un rapport sur la situation matérielle et financière de la Société; rapport qui devrait être présenté à une prochaine assemblée, dans laquelle de nouveaux administrateurs seraient nommés.

Comme d'habitude, le conseil, dans le but de retarder le moment des explications et ne voulant pas justifier sa comptabilité, a opposé à cet actionnaire l'incompétence du Tribunal de commerce de Chambéry.

Je m'abstiens de rapporter ici les moyens employés par chacun des avocats des parties en présence. Le jugement du vingt-sept août dernier, dont copie est ci-contre, rend inutile tous commentaires.

Les motifs qui y sont inscrits suffiront pour faire apprécier par les actionnaires la conduite du conseil d'administration du chemin de fer Victor-Emmanuel.

AUDIENCE DU TRIBUNAL DE COMMERCE DE CHAMBÉRY

DU 27 AOUT 1866.

PRÉSIDENT, M. CHAPPERON. BROUILLET, *demandeur*.
La Compagnie du chemin de fer Victor-Emmanuel, défenderesse.

Le Tribunal, après en avoir délibéré conformément à la loi, a rendu le jugement suivant :

« Attendu que le demandeur a justifié à l'audience de la possession de plusieurs actions du chemin de fer Victor-Emmanuel; que la Compagnie n'a pas insisté à lui contester son titre d'actionnaire, et qu'il n'est, par conséquent, pas le cas de s'occuper de cette première exception;

« Quant à la question de compétence :

« Attendu qu'il importe peu au Tribunal de reconnaître si d'autres actionnaires ont intenté devant un autre tribunal une action dirigée contre le Victor-Emmanuel et tendant d'une manière plus ou moins directe au même but que l'instance actuelle;

« Attendu qu'il est indifférent pour le Tribunal de savoir si ces actionnaires agissent d'un commun accord avec le demandeur en la présente instance ;

« Attendu en effet que la seule question à résoudre pour statuer sur la compétence est de savoir :

« Si le Tribunal de commerce de Chambéry est compétent pour connaître de l'action intentée par Brouillet à la Compagnie du chemin de fer Victor-Emmanuel ;

« Attendu que l'art. 3 des statuts approuvés par l'ordonnance royale du 25 mai 1853 porte formellement : Le siége de la Société et son domicile sont établis à Chambéry ;

« Attendu que l'art. 45 des mêmes statuts établit qu'en cas de contestation, tout actionnaire doit faire élection de domicile à Chambéry, et que les actionnaires ainsi que la Société sont justiciables des tribunaux compétents de cette dernière ville ;

« Attendu que l'article 108 du cahier des charges, approuvé par la loi du 15 avril 1857, porte formellement que le domicile légal de la Société demeure fixé à Chambéry jusqu'à l'ouverture de la section de Modane à Suze, époque à laquelle il sera transféré à Turin ; et que les articles 4 et 44 des statuts joints au cahier des charges de 1857 n'ont fait que répéter textuellement les termes des articles 3 et 45 des statuts de 1853, en ajoutant la clause du transfert du siége à Turin, lors de l'ouverture de la section de Modane à Suze ;

« Attendu que l'article 4 des statuts approuvé par le décret royal du 21 octobre 1863 porte : Le siége de la Société et son domicile pour tout ce qui concerne la construction et l'exploitation des chemins de fer Calabro-Siciliens sont établis dans la capitale du royaume ;

« Attendu que cette stipulation, se rapportant à un objet fixe et déterminé, ne saurait modifier en rien la clause générale concernant la Société elle-même, insérée dans les statuts de 1853 et 1857 ;

« Attendu que le siége de la Société reste donc bien fixé à Chambéry, pour tout ce qui a trait à la Société elle-même, conformément aux statuts de 1853 et 1857 ;

« Attendu que le conseil d'administration a si bien compris la chose en ce sens, que, dans le traité joint au projet de loi présenté au Corps législatif le 15 juin 1866, il a annoncé que le siége de la Société est à Chambéry ;

« Attendu que la Compagnie, formant opposition à un jugement rendu contre elle par le Tribunal de commerce de Chambéry, s'est présentée en déclarant avoir son siége à Chambéry, en juin 1866 ;

« Attendu que, si l'on admettait le système de la Société défenderesse, on arriverait forcément à cette conclusion qu'elle ne pourrait être assignée à paraître nulle part ;

« Attendu, en effet, que si on la citait à Florence, où elle soutient aujourd'hui avoir son siége et son domicile, elle présenterait au Tribunal ses statuts de 1853 et de 1857, et le forcerait à se déclarer incompétent, sur la cause d'incompétence tirée de ce que la Société serait devenue italienne ;

« Attendu que les raisons sur lesquelles cette prétention est basée viennent d'être examinées, et que cette prétention ne paraît nullement fondée ;

« Attendu que lors même que la Société serait italienne, elle n'en serait pas moins justiciable des tribunaux français ;

« Attendu en effet que, d'après la jurisprudence de la Cour de cassation à laquelle la Cour impériale de Paris s'est réunie dans un arrêt récent, une Société anonyme étrangère peut être réactionnée devant un tribunal français pour l'exécution d'engagements contractés par elle envers un Français, et que la qualité de Français n'a pas été déniée au demandeur;

« Attendu que, d'après les motifs développés ci-dessus, le tribunal français compétent ne peut être que celui de Chambéry, où le siége de la Société continue à être établi;

« Sur le motif tiré de ce que l'article 44 des statuts de 1853 porte que toutes les contestations sociales sont jugées par arbitrage :

« Attendu que la Cour de cassation a décidé que semblable clause insérée dans les statuts d'une Société anonyme est nulle, comme ne contenant pas l'objet en litige, ainsi que le prescrit l'article 1006 du code de Procédure civile,

« Le TRIBUNAL se déclare compétent et retient la cause ;

« Sur la question relative aux conclusions du demandeur dirigée contre M. Charles-Pierre-Eugène Laffitte et consorts :

« Attendu que la citation a été donnée à la Société du Victor-Emmanuel le 7 juillet 1866 ;

« Attendu que la Société est représentée par un conseil d'administration dont M. Laffitte est le président ;

« Attendu que le conseil d'administration est réellement en cause dans la personne de ses membres ;

« Attendu en conséquence que les conclusions ont pu être prises contre M. Laffitte et les autres membres du conseil d'administration comme représentant la Compagnie, et qu'il n'y a pas lieu de s'arrêter à cette énonciation, lors même qu'elle serait irrégulière, étant bien entendu que MM. Laffitte et consorts ne sont pas personnellement en cause ;

« Au fond :

« Attendu que Brouillet demande que la Société Victor-Emmanuel soit déclarée dissoute avec nomination d'un liquidateur et séquestre ;

« Subsidiairement que le Tribunal fasse procéder par experts à la vérification des comptes et écritures de la Société ; lesquels devront déposer leur rapport pour être ensuite requis et statué ce qu'il appartiendra ;

« Très-subsidiairement qu'à la diligence du séquestre l'assemblée générale des actionnaires soit convoquée à Chambéry ou à Paris pour nommer un nouveau conseil d'administration, sous réserve de tous moyens de nullité contre les opérations de M. Laffitte, et de demande de mise en faillite de la Société, au cas où l'état de cessation de payements serait démontré ;

« Attendu que la Société défenderesse n'a pris aucunes conclusions au fond ;

« Attendu que, par ses statuts, la Société a pris l'engagement de payer aux actionnaires un intérêt annuel à prendre au besoin sur le fonds social ;

« Attendu que le semestre du 1er juillet dernier n'a pas été payé, ce qui semble indiquer que le fonds social est absorbé en entier ;

« Attendu que la Société avait fait annoncer, par la voie des journaux, une réunion des actionnaires pour le 27 juillet dernier, afin de les consulter sur l'opportunité de ce payement ;

« Attendu que le conseil d'administration a reculé devant cette réunion et que la convocation régulière n'en a pas été faite, ce qui paraît suffisamment indiquer une situation financière extrêmement difficile ;

« Attendu que tout mandataire est tenu de rendre à ses mandants compte de sa gestion ;

« Attendu que l'article 35 des statuts de 1853 porte que les comptes seront soumis annuellement à l'assemblée générale et que l'article 31 des mêmes statuts porte que l'assemblée les approuve s'il y a lieu ;

« Attendu que les termes de ces deux articles prescrivent formellement non la simple lecture aux assemblées d'un compte, soit bilan annuel, mais bien une vérification par une commission ou autrement, afin que l'assemblée puisse approuver en connaissance de cause ;

« Attendu que toute autre interprétation des articles précités ne saurait être admise en justice ;

« Attendu que le conseil d'administration n'a point procédé ainsi, mais s'est borné jusqu'ici à lire un compte, soit exposé de la situation, qui n'est pas même inséré notamment dans le rapport imprimé du conseil relatif à l'assemblée du 21 mai 1866 ;

« Attendu que cette manière d'agir laisse les intéressés dans une ignorance complète de l'emploi de leurs fonds, et qu'il est difficile de comprendre comment le conseil d'administration, si sa position est embarrassée comme tout le démontre, n'a pas provoqué lui-même l'examen de sa comptabilité pour justifier de sa bonne gestion ;

« Attendu que cette situation au moins équivoque ne peut se perpétuer et qu'il est indispensable de mettre un terme aux inquiétudes des actionnaires, inquiétudes suffisamment justifiées par la dépréciation des titres de la Société, et le silence inexplicable du conseil d'administration ;

« Attendu que le manque de documents qu'aurait dû produire la Société défenderesse met le Tribunal dans l'impossibilité d'apprécier d'une manière exacte toute la gravité de la situation ; mais que d'un côté, les comptes fournis au 30 juin 1866 présenteraient un passif de 45 millions, tandis que l'actif n'arriverait qu'à 13 millions, et que d'un autre côté, en ne payant pas même le semestre du 1er juillet, le conseil d'administration autorise les suppositions les plus désastreuses ;

« Attendu que cette situation tout à fait anomale doit nécessairement être éclaircie ;

«Attendu que la dissolution de la Société demandée par Brouillet, est une mesure d'une telle gravité, qu'elle pourrait entraîner des conséquences déplorables pour les actionnaires eux-mêmes;

« Attendu que le Tribunal ne peut adopter une semblable mesure qu'après avoir épuisé tous les autres moyens tendant à établir la situation réelle et à indiquer les mesures à prendre conformément aux prescriptions de la loi;

« Attendu que la mise sous séquestre présente, de son côté, quelques-uns des dangers signalés plus haut;

« Attendu qu'il est le cas cependant, comme il vient d'être exposé, de s'arrêter à une mesure qui, tout en sauvegardant les intérêts des actionnaires, mette le Tribunal à même d'apprécier la situation en mettant au jour les causes qui ont amené cette position des plus difficiles;

« Attendu que les difficultés de vérification à faire obligent le Tribunal à charger de ce travail un homme compétent,

« Le TRIBUNAL

« Donne acte au demandeur de ses diverses réserves,

« Sans prononcer en l'état sur les plus amples conclusions de Brouillet,

« Préparatoirement et avant de statuer,

« Ordonne que dans les huit jours qui suivront la notification du présent, la Société Victor-Emmanuel devra représenter dans ses propres bureaux, à Paris, les livres de sa comptabilité à l'expert désigné ci-après, lequel devra procéder à leur vérification aux fins :

« 1° D'établir la situation réelle de la Société au 30 juin dernier;

« 2° De constater les pertes et autres causes qui ont pu amener la si-tuation désastreuse dans laquelle se trouve la Société dont il s'agit;

« Nomme à cet effet M. Alphonse Monginot, expert teneur de livres, domicilié à Paris, lequel, avant d'entrer en fonctions, prêtera serment de remplir son mandat en homme d'honneur et de probité, entre les mains de M. le juge de paix du neuvième arrondissement, dans lequel se trouvent placés les bureaux de la Société Victor-Emmanuel, déléguant ledit juge pour recevoir ce serment, et lequel expert présentera son rapport au Tribunal dans le plus bref délai possible,

« *Se réservant de statuer, ainsi qu'il écherra. Dépens réservés.* »

Tout le monde devait supposer qu'en présence d'un pareil jugement le conseil d'administration du Victor-Emmanuel aurait à cœur de justifier en toute hâte sa gestion, ses comptes et ses délibérations.

Tout le monde aurait regardé ce jugement comme un ordre devant lequel l'honneur ne recule jamais.

Mais non, il en a été autrement, et, toujours dans le but de retarder cette vérification qui leur semble si effrayante, les membres du conseil d'administration ont interjeté appel de ce jugement devant la Cour impériale de Chambéry. Et, disons-le, cette obstination à vouloir arrêter la lumière est presque déjà un aveu de culpabilité et légitime tous les soupçons.

L'appel n'était pas encore un retard suffisant pour ces messieurs, car la Cour avait indiqué pour plaider le 23 octobre dernier; mais ils ont demandé et obtenu une remise au 16 novembre suivant, puis enfin au 1er décembre.

M. Ch. Laffitte a longtemps désespéré du succès de sa cause, mais il a pris une consultation d'hommes suréminents en jurisprudence, et il est revenu convaincu du bien fondé de son procès. Le résultat a justifié ses prévisions; quant au pauvre actionnaire, il ne peut payer de ces consultations-là, elles sont beaucoup, mais *beaucoup trop chères;* du reste, s'il avait gagné devant la Cour de Chambéry, il s'attendait à un pourvoi en cassation; puis il aurait joué indéfiniment à cache-cache avec les livres de la Compagnie. A Paris, on lui aurait dit : *Ils sont à Chambéry;* A Chambéry : *Allez à Florence;* A Florence : *Allez à Turin.*

Espérons qu'on trouvera un moyen qui contre-balancera la fameuse consultation; et il faut le demander sans relâche à la Chambre et aux tribunaux de Paris, qui sont compétents entre Français. On ignore encore si le conseil d'administration du Victor-Emmanuel échappera à la jurisprudence française.

On fait pour cela de grands efforts, de grands moyens sont mis en mouvement. Les journaux ne disent rien de cette affaire. Eh! pourquoi ce luxe de précautions, quand il ne s'agit que de rendre des comptes, qui seront rendus, quoi que fasse M. Laffitte? Car on ne demande pas à visiter ses livres à titre de service, mais bien en vertu d'un jugement que toutes les consciences ont déjà prononcé.

Les délégués ont reçu de la Compagnie deux assignations bien singulières. Dans la première, qui est un appel devant la Cour impériale de Chambéry, et dont je parlerai plus tard, la Société déclare qu'elle est établie dans la capitale de l'Italie, sans indiquer de rue ni de numéro, et qu'elle *élit domicile chez son avoué, à Chambéry.*

Dans la seconde, qui est une action intentée contre les délégués en dommages-intérêts, elle déclare que son *siége social est à Florence,* sans nom de rue ni numéro; qu'elle agit en vertu d'une délibération du conseil d'administration prise à Paris, rue Basse-du-Rempart, 48 *bis* (sans copie et sans date de cette délibération); elle dit en outre qu'elle élit domicile à Paris, chez Mᵉ Castaignet, son avoué.

Enfin, on peut mettre au défi le jurisconsulte le plus habile d'obtenir du conseil d'administration du Victor-Emmanuel l'aveu d'un domicile où il puisse être régulièrement assigné, ce qui prouve qu'il ne voudrait l'être nulle part.

OPPOSITION FAITE AUX GOUVERNEMENTS.

A l'approche du payement du coupon des obligations du 1er octobre dernier, les délégués avaient pensé que si ce coupon était payé, c'est que la Société avait encore une portion de son capital ; que, d'après l'article 32 des statuts, le coupon des actions devait être pris sur ce capital tant qu'il en resterait quelque chose, et que, comme le coupon d'actions du 1er juillet 1866 n'avait pas été payé, il était juste qu'il le fût aujourd'hui, puisque les actionnaires étaient depuis cette époque des créanciers plus anciens que les porteurs de coupons d'obligations échéant le 1er octobre dernier. Question que je viens de déférer au Tribunal de commerce de Paris.

D'un autre côté, par le fait de la baisse des titres, par celui de la mauvaise gestion qui se révèle partout, par l'aveu à l'assemblée du 12 avril dernier, que le coupon des obligations n'avait été payé que par une avance du gouvernement français, par la résistance du conseil d'administration à montrer ses livres, enfin par les motifs exprimés dans le jugement du Tribunal de commerce de Chambéry du 27 août dernier, les délégués avaient pensé qu'il était utile de ne laisser entre les mains du conseil d'administration, qui fonctionne malgré nous, et malgré l'article 2004 du Code civil, aucune somme qui n'ait une destination parfaitement déterminée, et qu'il était prudent d'avertir les gouvernements de la situation embarrassée dans laquelle se trouvait la Compagnie, et surtout du procès en nullité qu'elle avait à soutenir.

Par tous ces motifs, ils avaient, le 27 septembre 1866, fait opposition entre les mains des gouvernements à la délivrance de toutes sommes qu'ils pourraient avoir à verser à la Compagnie du Victor-Emmanuel.

Mais, par jugement de référé du 2 octobre dernier, à Paris, mainlevée a été donnée de cette opposition, en s'appuyant sur ce que les sommes retenues entre les mains du gouvernement étaient spécialement affectées au service de la garantie donnée par l'État. Les délégués n'ont pas cru devoir appeler de ce jugement, afin de bien démontrer la droiture de leurs intentions.

Mais M. Ch. Laffitte, qui voudrait arrêter leurs investigations, les intimider et leur faire lâcher prise, a essayé très-inutilement de bien des moyens ; il s'est servi des promesses, de la menace, des invectives. Enfin, il vient, le 9 novembre dernier, de les assigner en une somme énorme de dommages et intérêts pour le tort qu'ils ont causé à la Compagnie par cette opposition et leurs circulaires.

D'abord, ce ne sont pas trois personnes qui ont fait cette opposition, ce sont trois mandataires de quatre cent cinq actionnaires réunis à la salle Valentino le 25 avril dernier, auxquels huit cents autres sont venus se joindre, lesquels mandataires agissaient contre des administrateurs révoqués par délibération prise dans cette réunion. Il fallait donc les assigner avec la qualité qu'ils avaient prise de délégués d'actionnaires, comme ils l'ont fait eux-mêmes en assignant les administrateurs de la Compagnie comme tels.

Ils ont agi comme mandataires, en vertu de la loi du 23 juillet 1856, et non personnellement contre des administrateurs qui veulent rester en fonctions malgré les actionnaires. Et M. Ch. Laffitte ne peut pas l'ignorer, car, par acte de Mᵉ Bonnenfant, huissier à Paris, le 26 avril 1866, ils lui ont signifié, ainsi qu'à MM. Calvet-Rogniat et Mirault, les résolutions de l'assemblée du 25 leur faisant défense d'avoir à gérer pour le compte des quatre cent cinq actionnaires qui venaient de leur retirer leurs pouvoirs.

Or, M. Ch. Laffitte sait bien ou saura bien qu'en matière de mandat les délits seuls sont personnels. Pourquoi donc les avoir assignés personnellement au Tribunal civil ? Puis, quelle est la date de la délibération du conseil qui l'autorise à les assigner ? Ensuite, il assigne le 9 novembre, pour un dommage causé le 27 septembre : c'est une réflexion bien tardive.

Personne ne comptait sur ce coupon, puisque le payement n'en était pas annoncé, comme on le fait d'habitude quinze jours à l'avance : voilà ce qui a pu faire baisser les actions de deux ou trois francs. Du reste, le 2 octobre, l'opposition était levée, et ce n'est que le 6 que l'annonce paraît. Il y avait donc d'autres oppositions ?

Enfin, par ce fait, la Compagnie avoue qu'elle est aux abois, puisqu'il lui faut recourir à des emprunts ou à des avances pour payer les intérêts, et qu'elle n'a rien dans sa caisse pour satisfaire à ces besoins ; autrement, elle aurait payé.

Ensuite, vous dites que cela vous a fait du tort, et vous en demandez la réparation, quand vos actions sont plus chères qu'elles n'étaient avant. En vérité, la chose est singulière et, s'il y a eu dommage, c'est vous qui l'avez causé, en ne payant pas le coupon de juillet et en n'annonçant pas à l'avance celui d'octobre.

Vous dites encore, que les circulaires ont nui à la Société ; non, elles n'ont fait que dévoiler votre gestion, qui est la vraie cause de la ruine des actionnaires. Et ces derniers, voulant connaître leur situation, ont confié un mandat à des hommes qui ne failliront pas. Ils connaîtront donc vos livres, vos traités, vos acquisitions, vos ventes, vos dépenses et vos délibérations. Je sais que vous ne le voulez pas, mais tout cela se fera malgré vous. Vous dites encore que M. Billebault n'est pas actionnaire : il a malheureusement trop usé de vos actions, de 1855 à 1856 ; il pourrait vous en montrer les bordereaux d'agent de change, et il avoue être assez heureux pour n'en avoir guère conservé. Mais, n'en aurait-il qu'une, son droit est le même que s'il en avait mille.

Du reste, il agit dans l'intérêt général, et ne peut être en cause ; vous seul y êtes et y resterez jusqu'à ce que vous ayez rendu vos comptes et qu'on les ait approuvés, s'il y a lieu. Quant aux actionnaires, ils sont dans le cas de légitime défense de leur capital, qui n'existe plus, et rien ne pourra les empêcher d'user de leur droit. Je dirai plus, ils ont même la certitude d'avoir l'appui des honnêtes gens, et l'espérance de légitimer contre vous une demande de *onze millions cent trente-cinq mille francs*. J'ai vu le travail qui se prépare à ce sujet.

N'attaquez donc pas : vous avez déjà trop à faire pour vous défendre. On sait bien que toutes les fois que des actionnaires ruinés font de justes réclamations, on ne manque pas de leur jeter la pierre. On dit qu'ils veulent se faire acheter, ou que ce sont des gens de mauvaise foi. Peu importe, dites tout ce que vous voudrez, mais répondez à nos questions, si vous le pouvez ; car c'est à vous que les actionnaires ont confié leur argent, et vous êtes les *intimés* au nom de l'article 1993 du code Napoléon, qui vous ordonne de leur rendre compte, et si vous ne le faites pas, c'est que vous ne l'osez pas.

JUGEMENT DU TRIBUNAL CIVIL DE CHAMBÉRY

DU 30 OCTOBRE 1866, SUR LE DÉPÔT DES TITRES.

Tout le monde avait compris que l'estampille des titres, au lieu de leur dépôt, n'était qu'une formalité sans garantie, se prêtant trop facilement aux compositions d'assemblées illicites. En effet, si les registres de présence annoncent 1200 personnes, représentant cent trente mille actions, tout actionnaire a le droit d'en demander la vérification et de se faire représenter les cent trente mille actions, si elles ont été déposées.

Mais, si l'on n'a fait que de les estampiller, la vérification n'existe plus ; ensuite, ne serait-il pas facile au conseil d'administration qui voudrait obtenir une majorité certaine, d'avoir sur les feuilles de présence des noms de complaisants, et de déclarer que chacun d'eux a fait estampiller cinq cents actions, puisque la vérification n'est pas possible ? Du reste, les délégués ont pris des notes, des noms et des chiffres, à l'assemblée de Turin du 21 mai dernier, et ils comptent en faire un sévère contrôle.

Pour obvier au danger de fausses déclarations, ils ont demandé au Tribunal civil de Chambéry d'ordonner le dépôt des titres des assistants aux assemblées.

Et le Tribunal se déclarant compétent a ordonné que, pour être admis à l'assemblée, les actionnaires, conformément à l'article 24 des statuts, déposeront leurs titres dans les lieux indiqués par la convocation du 15 octobre courant,

Déclarant en outre le présent jugement exécutoire sur minute,

Lequel a été signifié à partie le lendemain 31 octobre 1866.

J'ai remarqué que l'on tenait beaucoup à cette assemblée, car elle a eu lieu. Et l'on a dû trouver dans d'autres villes un nombre suffisant de personnes pour la composer, puisque *le samedi* 29 *octobre à quatre heures du soir, à Paris* (dernier jour accordé pour l'estampille des titres), il n'y avait que dix-huit personnes inscrites, représentant à peine 500 actions, et encore beaucoup d'entre elles que j'ai vues ne devaient pas aller à Turin.

Je reçois à l'instant le compte rendu de l'assemblée du 2 novembre dernier. On n'y trouve ni les noms des membres du conseil d'administration, ni le nombre des actionnaires présents. Comme d'habitude, on parle des circonstances exceptionnelles qui pèsent sur le crédit et entravent la marche de toutes les compagnies. On aurait dû dire que la Compagnie est dans un tel état, qu'elle ne peut plus trouver personne pour prendre ses titres.

On a fait voter sur un emprunt de 18 millions fait au gouvernement italien afin de continuer les travaux.

A mes yeux, c'est une dette de plus que la Compagnie contracte, et je ne m'explique pas pourquoi cette convention n'est pas transcrite en tête de ce compte rendu ; il est probable qu'on a des raisons pour cela. Du reste que fait le gouvernement dans cette circonstance? il ne donne pas d'argent à la Compagnie ; il fait continuer lui-même les travaux. C'est une espèce de mise en régie, avant-coureur d'une mise en séquestre. On avoue également dans ce compte rendu qu'il n'y a que 53 kilomètres en exploitation sur 1301 kilomètres à faire. Mais dit-on toujours, bientôt il y en aura beaucoup plus.

On parle encore de la réorganisation de la Société ; les actionnaires ne demandent que cela, mais il faut d'abord la liquider et voir quel en est le véritable actif.

Les résolutions prises sont des pouvoirs donnés au conseil d'administration pour accepter la convention passée avec le gouvernement italien ; mais il faudrait au moins que l'on connût cette convention. Puis on y fait l'aveu de la mauvaise situation de la Société, puisqu'on y vote des pouvoirs donnés au conseil pour améliorer le sort des actionnaires ;

et le tout a été adopté à l'unanimité. Or, il n'y a qu'un petit malheur, c'est qu'il est probable que les actionnaires n'accepteront pas cette nouvelle dette sans connaître leur véritable position.

Du reste l'assemblée ne s'étant pas conformée aux prescriptions du jugement du 30 octobre 1866 du Tribunal civil de Chambéry, est nulle et sans effet.

Enfin, ce système d'estampille avait dû être spécialement inventé pour les besoins particuliers du Victor-Emmanuel, puisque jusqu'alors aucune Compagnie n'avait osé le proposer. Et le conseil d'administration semble vouloir y tenir, puisqu'il a interjeté appel de ce jugement devant la Cour de Chambéry. Les délégués ne désespèrent pas d'aller en Cassation, car M. Laffitte, ne voulant pas se justifier, emploie tous les moyens pour gagner du temps.

Pour prouver la manière dont les choses se font dans cette Compagnie, on peut citer M. Balagny, (200 actions), M. Reinier, (275 actions), qui, lors de l'assemblée du 21 mai 1866, ont présenté leurs titres pour obtenir leurs cartes, et auxquels on les a rendus sans estampille. Le jugement qui ordonna le dépôt des titres est maintenant acquis aux actionnaires et à l'avenir le système de l'estampille sera abandonné.

SITUATION DE LA SOCIÉTÉ.

ACTIF.

La Société possède le réseau de Savoie, qui a coûté 57 millions et dont le gouvernement français en offre 45. . . . . 45 millions.

Elle avait en caisse au 31 décembre 1865 pour cautionnement, créances et reste de rente italienne. . . 13 —

Enfin, les travaux faits en Calabre et Sicile, la Compagnie prétend dans son compte rendu du 21 mai 1866 qu'elle a dépensé 82 millions. M. le ministre Jacini a déclaré au parlement, le 18 avril 1863, que le rapport des ingénieurs n'accusait qu'une dépense de 16 millions (*Gazette officielle d'Italie*, page 1301 et 1305). . . . 16 —

Total de l'actif au 31 décembre 1865. . . . . . 74 millions.

Passif.

La Société doit à plusieurs comptoirs, aux entrepreneurs et à divers (rapport du 21 mai 1866). . . . . . , ... 45 millions.

En actions, toutes de l'ancienne Société ; et nous tenons à en faire la preuve, car les actions données à MM. Parent et Salamanca en 1863 provenaient de la société de 1857 et n'avaient pu être placées, nous sommes en droit de demander comment ces messieurs les ont réglées. . . . . 100 —

En obligations antérieures à 1863, qui formaient l'excédant du capital de la Société de 1857. . . . . 26 —

En obligations nouvelles. . . . . 33 —

Et en obligations restant dues sur le prix de l'acquisition des lignes du Tessin (et ceci demanderait explication). . . . . 4 —

Total du passif au 31 décembre 1865.   208 millions.

Déficit 134 millions. Où sont-ils passés ?

Tout le monde prie le conseil, pour son honneur, de l'expliquer (ce qu'il aurait dû faire déjà depuis longtemps).

Mais ces chiffres représentent un compte arrêté le 31 décembre 1865 ; il a dû se faire depuis de nouvelles dépenses, de nouveaux emprunts ; les gouvernements ont fait de nouvelles avances ; de sorte que, si l'un de ces chiffres a pu augmenter, ce ne peut être évidemment que celui du passif.

Je sais bien qu'on va me répondre sans donner de pièces à l'appui : « Nous avons payé l'intérêt depuis dix ans. Nous avons éprouvé des pertes. L'État italien n'a pas tenu toutes ses promesses. Enfin, toujours les grands mots : « Les temps sont devenus si difficiles, que nous n'avons pu placer nos valeurs. »

Mais ce n'est pas avec de vaines paroles qu'il faut payer ceux qui perdent leur capital, il leur faut des comptes en règle. Voilà donc où le conseil d'administration a conduit la Société ; et comme toujours, quand le quart d'heure de Rabelais est arrivé, chacun rejette les torts sur son collègue. Mᵉ Calvet-Rogniat se plaint. M. Mirault veut donner sa démission. Bref, tout le monde se dispute ; on s'assigne, on demande des expertises, on réclame à M. Ch. Laffitte des sommes énormes, on se sépare ; personne n'est d'accord, et c'est un sauve-qui-peut général. Rassurez-vous, messieurs, vous êtes tous responsables, et les actionnaires l'entendent bien ainsi, car tous vous avez signé les délibérations ; et il ne faudra pas venir dire, comme c'est la coutume : « J'ai signé de confiance, » parce qu'on vous répondra que vous touchiez 10 000 francs par an pour contrôler. Avez-vous contrôlé ? Non ! Eh bien, payez. Mais, querellez-vous, vous dévoilerez tout ce qui s'est passé dans le Victor-Emmanuel et vous faciliterez le travail des experts. Remarquons en passant que M. Calvet-Rogniat semble porter malheur à toutes les affaires auxquelles il se mêle.

Voyons maintenant, au point de vue de l'exploitation, quelle est la situation.

Au 31 décembre 1865, on a présenté un compte par lequel 32 kilomètres seulement étaient en exploitation de Palerme à Trabia : c'est évidemment le meilleur tronçon de toutes les lignes calabro-siciliennes, et voici les tristes résultats qui ont été déclarés :

> Dépenses. . . . . 373 297 fr. 91 cent.
> Recettes. 289 273   14

La dépense est donc de beaucoup supérieure à la recette, et les actionnaires n'ont aucun espoir de voir ce chemin leur produire des dividendes. Le peu de valeur des lignes ressort encore de la somme de 24 418 fr. 21 cent. seulement portée pour une année au trafic des marchandises.

Ainsi donc la situation du capital est mauvaise, puisqu'elle ne peut se liquider que par une perte énorme ; la situation du revenu plus mauvaise encore, les lignes par elles seules ne pouvant suffire à leurs frais, même dans la partie la meilleure, de Palerme à Trabia, qu'on ne peut faire marcher qu'en entamant la subvention.

Dans un mémoire présenté à la Cour de Chambéry et signé Raveton, Victor Lefranc, Richard et Longoz, on veut persuader à la Cour que cette société est pleine d'avenir, et l'on fait le calcul suivant :

Bientôt nous aurons terminé 420 kilomètres, et l'État devra une garantie de 7 867 758 francs.

Mais l'achèvement de ces 420 kilomètres nécessitera encore au moins 32 millions qui, joints aux 208 millions déjà dépensés, font 240 millions.

Comme il faut que les obligations et les dettes soient payées avant les actions, ces 7 millions ne serviront qu'à payer l'intérêt des 140 millions et les 100 millions d'actions n'auront encore rien. Maintenant, 420 kilomètres ont coûté 240 millions ; les 1301 kilomètres coûteront plus de 750 millions, et comme l'État avec sa garantie kilométrique ne donnera que 18 millions, le produit de cette somme énorme ne sera pas de 2 pour 100.

De plus, les créanciers obligataires étant toujours privilégiés, les actionnaires attendront toujours leur tour de recette.

Voilà le bel avenir de la Société ; et encore n'est-il pas certain, car, si les chemins ne font pas leurs frais, ce qui est probable, on devra prendre sur cette somme pour les faire marcher, puisque la garantie de l'État n'est due que sur les kilomètres en exploitation. Les calculs de ces Messieurs ne sont donc que des calculs d'avocat, sans valeur aucune.

PREMIER MOYEN DE SAUVER LA SOCIÉTÉ.

Supposons que les tribunaux, sur la demande des délégués, déclarent la Société de 1863 nulle et non avenue : les actionnaires propriétaires des deux cent mille actions de la Société de 1857 (et je me charge de démontrer, malgré la souscription Parent et Salamanca, en 1863, de quatre-vingt-cinq mille actions, qu'il n'y a pas eu de nouvelles actions émises, et que celles souscrites par Parent et Salamanca sont bien des actions de la société de 1857), ces actionnaires, dis-je, rentreront dans la Société de 1857 avec les réseaux de Savoie et du Tessin par Suze et Novare, en laissant à la charge de ceux qui auront indûment fait le passif postérieur à 1863 le soin de le liquider comme bon leur semblera, ainsi que la Société calabro-sicilienne. Mais les actionnaires auront encore un passif supérieur à leurs 100 millions d'actions, se composant des 26 millions d'obligations antérieures à 1863 dont le capital de la Société de 1857 avait été dépassé.

Supposons encore les actionnaires rentrés dans cette situation :

Leur *actif* sera :

1° Le réseau de Savoie, dont le gouvernement français offre 45 millions. Or, si l'on achetait au cours du jour pour pareille somme de rente italienne, on aurait un revenu de. . . . . 4 090 000 fr. »

2° La ligne du Tessin vendue au gouvernement italien, moyennant 2 226 000 fr. de rente, et que le gouvernement serait obligé de payer une seconde fois, sauf son recours contre MM. Laffitte et consorts. . . . . 2 226.000 »

3° Cautionnement, créances et autres, environ 8 millions qui, convertis en rente italienne, produiraient un revenu de . . . . 725 000 »

4° Je pense qu'avec quelques investigations sérieuses il sera facile de mettre à la charge du conseil d'administration somme égale, 8 millions, et quoi que fassent MM. Ch. Laffitte, Bixio, Dailly, Calvet-Ro-

A reporter . . . .   7 041 000 »

Report . . . . . . 7 041 000 »

gniat et Mirault, ils n'en sont pas moins responsables solidairement de leur gestion, ainsi que MM. A. de Bourgoing et le comte Welles de la Valette. Ladite somme, que ces Messieurs peuvent payer, produira encore même rente de . . . . 725 000 »

Total de l'actif en rente italienne. . 7 766 000 »

Ainsi donc, si la Société de 1863 est déclarée nulle, il sera facile de créer aux actionnaires de 1857 un revenu en rente italienne de *sept millions sept cent soixante-six mille francs.*

Leur *passif* serait représenté par les 26 millions d'obligations antérieures à 1863 remboursables en 99 ans et dont il faut servir les intérêts à cinq pour cent.

Soit pour le revenu des intérêts. . . . . 1 300 000 fr. »

Pour l'amortissement en 99 ans . . . . 250 000 »

Ensemble . . 1 550 000 »

Il suffirait donc de déposer à l'État français, qui a garanti lesdites obligations, un coupon de rente italienne de *un million cinq cent cinquante mille francs,* pour qu'il se chargeât de ce remboursement, à la charge, le remboursement une fois fait, de restituer ladite rente aux actionnaires.

Il resterait donc aux actionnaires, propriétaires des 200 000 titres à 500 francs chaque, un revenu de *six millions deux cent seize mille francs.*

Soit 31 fr. 08 c. par titre, c'est-à-dire 6.21 pour 100 du capital.

Voilà à quel résultat les actionnaires doivent tendre, sans s'inquiéter d'aucun autre passif. Du reste, quant aux 45 millions dus aux entrepreneurs, aux divers comptoirs et autres, je n'ai pour eux aucune espèce de souci.

Pour les 4 millions d'obligations restant dus sur les lignes du Tessin, je crois qu'il est facile de les mettre à la charge du conseil d'administration.

Enfin, quant aux 33 millions d'obligations postérieures à 1863, ils auront pour se couvrir les lignes calabro-siciliennes; et comme le conseil a déclaré y avoir dépensé 82 millions, il serait malheureux de n'y pouvoir retrouver au moins 33 millions.

Ce moyen de sauver la Société est le moyen judiciaire, qui n'exige que l'exercice du droit et de la loi réclamé devant les tribunaux compétents. Mais il y en aurait d'autres, amiables, qui arriveraient peut être au même résultat, tout en donnant l'avantage d'éviter les chances, les lenteurs et les dépenses des procès, peut-être même la difficulté d'exécution du jugement. Il suffirait, par exemple, que l'État italien, dans sa loyauté, se rappelant le passé, consentît à indemniser les actionnaires du tort qui leur a été causé, car ce gouvernement ne peut oublier qu'il avait promis les études des lignes, et qu'il ne les a pas fournies ; qu'il avait promis 4 1/2 pour 100 sur les titres, et enfin qu'il a donné à la Compagnie 2 millions 226 000 francs de rente 5 pour 100 à 74 francs et que cette rente est tombée à 36 francs, en un mot qu'il a fait perdre à la Compagnie des sommes considérables.

SECOND MOYEN DE SAUVER LA SOCIÉTÉ AMIABLEMENT.

Il suffirait pour cela que l'État italien reprît pour son compte les *cent millions* environ en actions et obligations que la Société a encore de liquides en caisse, et donnât à la Compagnie, comme aux autres Compagnies italiennes, la garantie kilométrique de 20 000 fr.; que la Société du Victor-Emmanuel vendît aux chemins de fer méridionaux toutes les lignes de Calabre, moyennant un prix approximatif de 41 millions, et au gouvernement français le réseau de Savoie moyennant 45 millions.

La Compagnie aurait alors un actif en argent de. . 186 000 000 fr. »
Et les réseaux siciliens représentant environ. . . . 41 000 000 »

Total de l'*actif*. . . . 227 000 000 »

Son *passif* se composerait de créanciers divers . . 45 000 000 »
Et en obligations antérieures et postérieures à 1863 de. . . . . 63 000 000 »

Total. . . . 108 000 000 »

Les porteurs actuels des 100 millions d'actions et l'État italien auraient donc 119 millions pour achever les lignes de Sicile, sur lesquelles 41 millions auraient été déjà dépensés. Le gouvernement remplacerait alors la garantie kilométrique par la garantie de 3 pour 100 seulement sur les actions, en s'engageant à les rembourser en 99 ans, par voie de tirage annuel, à *cinq cents francs*.

Par ce moyen, les actionnaires seraient satisfaits et l'État, moyennant quatre millions par an, suffirait largement au service des intérêts et au remboursement du capital, en appliquant à son profit tout le produit des lignes.

TROISIÈME MOYEN DE SAUVER LA SOCIÉTÉ AMIABLEMENT.

Ce dernier moyen est le plus simple de tous; il consisterait à faire reprendre à l'État italien toutes les valeurs émises et à émettre de la Société en échangeant les actions pour des obligations rapportant *quinze* francs par an, et remboursables à 500 francs en 99 ans.

L'État pourrait alors vendre le réseau de Savoie, en toucher le prix intégralement, émettre les valeurs de la Société restées en caisse, faire continuer les lignes et les exploiter, soit par lui-même, soit par une compagnie fermière.

Ces deux derniers moyens seraient peut-être pour les actionnaires moins avantageux que le premier: mais il faut se rappeler ce proverbe d'un sage : « Mauvais arrangement vaut toujours mieux que bon procès. »

Du reste, l'État italien y trouverait une grande économie ; il n'aurait annuellement que 9 millions 240 000 francs à donner pour le service des intérêts à 3 pour 100 des 208 millions, déjà dépensés et des 100 millions à émettre, tandis qu'avec la garantie kilométrique de 14 000 francs sur 1180 kilomètres et de 16 000 francs sur 120 kilomètres il lui faudrait donner tous les ans 18 millions 440 000 francs, puisque, d'après la convention, il doit fournir cette garantie jusqu'à ce que les lignes rapportent 29 000 francs par kilomètre ; ce qui n'arrivera jamais.

EFFETS DE LA VENTE DU RÉSEAU DE SAVOIE

POUR LES ACTIONNAIRES.

Locus regit actum (c'est le lieu qui régit les actes), dit un vieil axiome du droit.

Or, le réseau de Savoie est en France ; c'est donc aux tribunaux français à connaître de toutes les actions intentées contre la Compagnie du Victor-Emmanuel tant qu'elle aura cette ligne sur le territoire français ; et le jour où elle ne l'aura plus, on arguera d'incompétence contre les actionnaires ; peut-être pas avec un succès certain, mais avec plus de chance.

Ainsi, à mon avis, *pas de désastre plus grand que la vente du réseau de Savoie ;* la faillite elle-même serait moins à redouter :

1° Parce que les actionnaires ne pourraient peut-être plus se défendre devant les tribunaux français : comme personne alors n'irait suivre un procès en Italie, les actionnaires seraient obligés d'abandonner sans protection leur capital ;

2° Parce que ce serait dégager l'État français d'une garantie qui l'incommode, et qu'il ne faut le faire qu'en échange de conditions avantageuses pour vous.

D'abord l'État est tenu à une garantie, dit-on, sur 26 millions d'obligations seulement ; ce n'est pas mon avis, ce doit être sur tout le capital représentant la valeur de cette ligne, *soit 45 millions.* Car, à l'époque où la Savoie a été annexée à la France, une convention du 23 août 1860, signée Ad. Vuitry et A. de Pollone, est intervenue entre les deux États, dans laquelle il est dit, art. 4 : « La France succède aux droits et obligations résultant de contrats régulièrement stipulés avec la Sardaigne pour des objets d'intérêt public concernant spécialement la Savoie et l'arrondissement de Nice. »

Or, à cette époque, 1860, la Compagnie Victor-Emmanuel n'avait pas fait sa Société de 1863 et jouissait d'une garantie de 4 1/2 pour 100 sur toute la valeur de la ligne.

Et, comme l'État français n'a fait que prendre le lieu et place de l'État italien, il doit sa garantie sur les 45 millions, prix estimatif du réseau de Savoie.

L'application de cette stipulation est spécifiée dans ses détails, par la convention du 7 mai 1862 passée entre l'État français et la Compagnie signée Rouher et Laffitte, et par une autre convention passée le 1er mai 1863.

L'État français doit donc sa garantie de 4 1/2 pour 100 sur les 45 millions si la ligne est estimée ce prix.

C'est donc annuellement une somme de 2 millions 251 000 francs que l'État peut être appelé à payer à la Compagnie pendant 99 ans, soit plus de 200 millions, somme dont l'État sera créancier vis-à-vis de la Compagnie, et pour laquelle il subira dans l'ordre le sort commun à tout créancier. Voilà quel est, pour l'État français, le grand intérêt au rachat de cette ligne. Les actionnaires ont donc le droit de lui demander un grand sacrifice, car ce sont les États qui ont profité de toutes ces lignes. Ils ont tous souscrit le capital nécessaire sous la foi d'une garantie minimum par eux de 4 1/2 pour 100 ; garantie d'autant plus juste, qu'ils fournissaient de l'argent à de mauvaises lignes.

C'est pourquoi, si elle leur a été enlevée illégalement, on doit la leur rendre.

Enfin, consentir la vente du réseau de Savoie, ce serait dégager l'État

— 39 —

français, comme l'État italien l'a été par la vente des lignes du Tessin, ce que je crois contraire à l'intérêt général ;

3° Parce que, si les actionnaires ratifient la vente du réseau de Savoie, *ce sera ratifier implicitement tous les actes de la Société de 1863*, et que c'est renoncer à intenter un procès en nullité de ladite Société, procès qui est leur seul espoir ;

4° Parce que les obligataires de la première série avant 1863 n'ont pas eux-mêmes intérêt à cette vente, car on leur proposera en échange de leurs titres des obligations Lyon-Méditerranée fusion, qui ne sont pas garanties par l'État, et que ce réseau est loin d'être achevé. Ces obligations Victor-Emmanuel antérieures à 1863 sont donc préférables à toutes autres.

5° Parce que la Compagnie du Victor-Emmanuel doit 45 millions à divers, et près de 63 millions d'obligations, soit 108 millions. Que le réseau de Savoie soit vendu 45 ou 100 millions, les actionnaires n'auront toujours rien, seulement ils auront payé plus ou moins de leurs dettes, ce qui doit leur importer peu, s'ils réussissent à faire annuler la Société de 1863 ;

6° Parce que rien ne peut forcer à vendre le réseau de Savoie, l'utilité publique étant aussi bien satisfaite avec exploitation par le Victor-Emmanuel qu'avec celle du Lyon, si les conditions du cahier des charges sont exécutées.

Du reste, la Chambre des députés, qui doit être appelée à étudier le projet de loi présenté à la session prochaine, pèsera avec équité toutes les conditions de la vente, et voudra voir les choses au fond. Les actionnaires seront probablement consultés, rien, selon moi, ne pouvant être fait sans leur consentement.

On avait parlé de proposer à une assemblée générale des actionnaires la vente de cette ligne, avant que le Corps législatif n'ait posé les conditions de cette vente. Cette façon d'agir serait un contre-sens, car le Corps législatif impose des conditions et n'en accepte pas. De sorte que, s'ils faisaient un changement au contrat qu'ils auraient arrêté, il faudrait le soumettre à une nouvelle approbation, ou ils auraient fait un marché nul, parce qu'il ne serait pas celui qu'ils auraient cru faire (*de juris et facti ignorantiâ*). Il ne faut donc consentir la vente du réseau de Savoie que contre un dédommagement sérieux, rendant, par exemple, la garantie d'État de 4 1/2 pour 100, ou assurant un remboursement prochain en valeurs de gouvernements ; car dans leurs mains cette ligne sera toujours leur seule arme offensive et défensive, et le jour où ils ne l'auront plus, ils chercheront vainement à se défendre.

Mais de quel droit pense-t-on vendre le réseau de Savoie ? Quel est le pacte fondamental, si ce n'est la convention du 1er mai 1863 et le cahier des charges français signé Rouher ?

Cette convention est antérieure à la Société de 1863, elle a donc été faite sous l'empire des statuts de 1857. Elle n'a pas été modifiée, et les statuts sont toujours en vigueur.

A l'art. 37 du cahier des charges il est dit : « *A toute époque après l'expiration de 15 années de la concession, l'État aura la faculté de racheter la concession.* »

Or, cette concession date du jour où le gouvernement français la donnait, c'est-à-dire du 1er mai 1863, signé : Rouher et Laffitte. L'État ne pourra donc la racheter que le 1er mai 1878. Et, chose étrange, cette convention devait dans les six mois être approuvée par l'assemblée des actionnaires, et M. Ch. Laffitte ne la leur a présentée que le 11 octobre 1865, plus de deux ans après.

PROCÈS EN NULLITÉ DE LA SOCIÉTÉ DE 1863.

J'ai démontré plus haut quel serait pour les actionnaires l'immense avantage de faire prononcer par les tribunaux la nullité de la Société de 1863, parce qu'ils rentreraient immédiatement dans une rente italienne de 31 fr. 08 c. par titre; mais, pour y arriver, deux questions sont à résoudre.

La première : Les tribunaux français sont-ils compétents pour connaître des actions intentées contre la Société du Victor-Emmanuel par ses actionnaires ?

La seconde : Les contrats passés en 1863 entre M. Ch. Laffitte, d'une part; le gouvernement Italien et la Société calabro-sicilienne Lemmi et Adami, d'autre part, sont-ils réguliers et sincères ?

Ont-ils été acceptés par M. Ch. Laffitte muni des pouvoirs suffisants ?

Les actionnaires les ont-ils consentis en connaissance de cause ou par erreur, ignorance ou pression ?

M. Ch. Laffitte pouvait-il être mandataire de toutes les parties en sa qualité d'intéressé dans les deux entreprises ?

Enfin, M. Ch. Laffitte, pour arriver à la conclusion de tous ces marchés, a-t-il dissimulé des conventions quelconques à ceux dont il sollicitait le mandat ?

Oui, mille fois oui, les tribunaux français sont compétents.

Le tribunal de commerce de Chambéry l'a affirmé le 27 août 1866, et le tribunal civil de la même ville l'a aussi déclaré le 30 octobre dernier.

En effet, comment les tribunaux de Chambéry ne seraient-ils pas compétents, quand aux statuts de 1853, article 3, il est formellement

dit que « le siége de la Société et son domicile sont établis à Chambéry? »
A l'article 45, que « tout actionnaire doit faire élection de domicile à
Chambéry, et que les actionnaires ainsi que la Société, sont justiciables
des tribunaux compétents de ladite ville? »

Quand au cahier des charges de 1857 il est dit que « le domicile légal
de la Société reste fixé à Chambéry jusqu'à l'achèvement du percement
du Mont-Cenis? » et cette Société de 1857, n'ayant jamais été dissoute
ni liquidée, reste toujours en vigueur.

Quand les articles 4 et 44 des statuts de 1857 ne font que répéter les
articles 3 et 45 des statuts de 1853?

Quand en tête des actions il est écrit : « *Concessions des* 15 *août* 1857
et 25 *août* 1863 : » donc les statuts de 1857 ne sont pas abrogés?

Quand dans la convention du 1er mai 1863, signée Rouher et Laffitte,
présentée à la ratification le 11 octobre 1865 seulement, au lieu de
l'être dans les six mois comme il était dit, la Société du Victor-Emmanuel se déclare établie à Chambéry?

Quand dans le projet de loi présenté au Corps législatif par le Conseil
d'État le 15 juin 1866 il est énoncé que la Société est établie à Chambéry?

Quand toutes les lois, décrets, ordonnances, cahier des charges et
statuts, fixent à Chambéry le siége social ou l'établissement de la Société du Victor-Emmanuel, et qu'aucune loi ne les a abrogés?

Quand la Société du Victor-Emmanuel elle-même, en juin dernier,
formant opposition à un jugement du tribunal de commerce de Chambéry devant ledit tribunal, déclarait son siége établi à Chambéry?

Quand enfin cette même Société, interjetant appel, le 6 octobre dernier, devant la Cour de Chambéry, d'un jugement obtenu contre elle
par la Compagnie des Messageries, déclarait son siége établi à Chambéry?

Oui, mille fois oui, malgré vous, monsieur Ch. Laffitte, les tribunaux
français sont compétents pour juger le conseil d'administration du Victor-
Emmanuel et nommer des experts vérificateurs de vos comptes et de votre
gestion.

Tout le monde le sait bien, et, on vous l'a déjà dit : « *Vous ne vou-
driez être assigné nulle part.* » Mais cette manière d'agir vous a déjà
fait juger dans l'opinion publique.

En effet, si vous aviez été jaloux de votre honorabilité, vous eussiez
sans hésitation et en toute hâte donné satisfaction au jugement qui ordonnait à M. Monginot d'expertiser vos livres.

C'est là ce qui vous fait peur, et pourquoi ! ! !

Je vous le dirai plus tard, pour le moment votre résistance ne peut
que me le faire soupçonner.

Vous avez prétendu que le tribunal était compétent vis-à-vis de créanciers, vis-à-vis d'entrepreneurs avec lesquels la Compagnie aurait fait et passé des marchés en France.

Vous avez écrit, dans un long mémoire signé de tous vos avocats et avoués de Paris et de Chambéry, que les tribunaux français étaient compétents pour connaître d'une difficulté personnelle à un actionnaire au sujet du payement de ses intérêts.

Vous avez prétendu que les tribunaux français n'étaient pas compétents vis-à-vis d'actionnaires de ladite Compagnie, dans toutes les questions sociales de dissolution, de liquidation et de vérification de livres, parce qu'ils sont des associés, et que la Société est italienne.

D'abord, je soutiens que la Société n'est pas purement italienne, car la souscription a été ouverte en France avec autorisation du gouvernement. La Compagnie a des bureaux à Paris, elle se compose d'actionnaires presque tous Français; ses titres payent un impôt au Trésor français et sont négociés à la Bourse de Paris. Une portion de son réseau est en France en vertu d'une concession française, régie par une loi française, et un cahier des charges signé par un ministre français; ses titres portent : « *Concession du 15 août 1857.* »

Enfin, il est dit dans les statuts que, pour représenter les intérêts français, cinq membres du conseil sur onze seront choisis en France, et le président dont la voix est prépondérante est Français.

De votre aveu, les actionnaires sont donc sous l'empire des statuts de 1857, qui disent que « le domicile légal de la Société est fixé à Chambéry, jusqu'à ce que le Mont-Cenis soit percé. » Or, il ne l'est pas : dès lors le siége social est à Chambéry ou à Paris, mais à coup sûr en France.

Il serait, en vérité, par trop extraordinaire que cette Société eût à la fois tout ce qu'il lui faut pour jouir des priviléges français, et tout ce qu'il lui faut pour n'être justiciable que des tribunaux italiens.

Enfin, le réseau de Savoie est l'objet d'une société basée sur un cahier des charges français, du 1er mai 1863 ; et c'est au nom de cette convention que la Société du 19 mai 1863 a été offerte aux actionnaires. Du reste, l'article 68 de ce cahier des charges dit que « *la Compagnie devra faire élection de domicile à Paris.* » Et l'on ne peut pas dire que cette clause a été insérée au profit exclusif de l'administration française, car la suivante, article 69, porte que « *les contestations entre l'administration française et la Compagnie seront jugées par le conseil de préfecture et le Conseil d'État.* »

Ainsi donc, si M. Ch. Laffitte recule devant la juridiction des tribunaux de Chambéry, il lui faut accepter celle des tribunaux de Paris ; mais peu importe, la Société est française, et les actionnaires n'en demandent pas davantage.

.Néanmoins, si cela peut vous être agréable ; je le veux bien, la Société est italienne. Alors veuillez lire l'arrêt de la Cour impériale de Paris du 8 novembre 1865 qui dit : « Attendu qu'il a été souverainement jugé qu'une Société étrangère pouvait être citée par un Français devant les tribunaux français avec lequel elle avait contracté, et ce en vertu de l'article 14 du Code Napoléon ;

« Déclare les tribunaux français compétents. »

Puis le même arrêt, jugeant au fond, dit : « Attendu que le sieur X, porteur de soixante-quinze actions de la Compagnie du chemin de fer autrichien, sur lesquelles les trois premiers versements seulement ont été effectués en temps utile, etc., etc. »

Vous voyez donc bien qu'il s'agit dans l'espèce, comme dans celle de Brouillet, d'un actionnaire plaidant sur le contrat social contre une Société étrangère (autrichienne), et que les Cours ont souverainement proclamé la compétence des tribunaux français.

Aussi me paraît-il singulier que dans vos assignations vous ne preniez jamais le même domicile comme siége de la Société, et surtout que vous n'en donniez jamais l'adresse. Tantôt c'est *la capitale de l'Italie*, tantôt c'est *Turin*, tantôt c'est *Florence*, tantôt c'est *Chambéry*, tantôt c'est *Paris*; peut-être demain sera-ce *Rome*, suivant les besoins de la cause.

Dites une fois pour toutes où est le siége social de la Société, l'on ira vous y trouver.

Mais vous connaissez trop bien ce vieux proverbe : *Souris qui n'a qu'un trou est bientôt prise*, pour n'avoir qu'un domicile.

La Société du Victor-Emmanuel est donc bien justiciable des tribunaux français, quoique la Cour impériale de Chambéry, par son arrêt du 1er de ce mois, ait mis à néant le jugement du tribunal de commerce de la même ville du 27 août dernier. Pour échapper à cette juridiction, il vous faudrait avoir à votre disposition une de ces puissances qui manquent heureusement en France, c'est-à-dire : *Veuillez étouffer cette affaire et influencer la justice.*

Mais les actionnaires sont tranquilles, et ils peuvent dire en 1866 ce que le baron Séguier disait à Louis-Philippe : « *Sire, la Cour ne rend pas des services, elle ne rend que des arrêts.* »

Ceci dit, et la compétence des tribunaux français démontrée, il s'agit, pour obtenir la nullité de la Société de 1863, de leur prouver :

1° Que le mandat obtenu par M. Ch. Laffitte à l'assemblée du 19 mai 1863 l'a été irrégulièrement, par ignorance des mandants, et qu'il était insuffisant pour vendre, acheter et former une nouvelle Société; que même eût-il été suffisant, M. Ch. Laffitte ne pouvait l'accepter, en sa qualité de mandataire des deux parties et d'intéressé dans les deux affaires des contractants, que sous peine de nullité des actes qu'il consentirait; qu'enfin ce mandat n'a été ni rempli ni ratifié.

2° Que le mandataire avait un intérêt contraire à celui de ses mandants, et qu'il leur a fait acheter les lignes de Calabre et Sicile dans un intérêt personnel ;

3° Que l'affaire proposée par M. Ch. Laffitte à ses mandants était à sa connaissance une mauvaise affaire ;

4° Que l'annonce du 19 décembre 1863 n'était qu'une manœuvre pour obtenir un simulacre de ratification de tous ses actes, et que l'échange des titres qui en était le but n'a été consenti par les actionnaires que par erreur, ignorance et pression ;

5° Que les statuts de 1853 et de 1857 n'autorisaient pas, *sans l'unanimité des actionnaires*, à faire tous ces actes ;

6° Enfin que tous les faits, les traités, les pertes, les délibérations, la sincérité des assemblées qui en ont été la conséquence, prouvent surabondamment le but que se proposait M. Ch. Laffitte en formant la Société de 1863.

En effet, M. Ch. Laffitte, en venant demander son mandat, a-t-il lu aux actionnaires la convention française du 1er mai 1863, base fondamentale du pacte social qu'il proposait ? A-t-il donné connaissance aux actionnaires des préliminaires de conventions additionnelles aux préliminaires de conventions, imposés par le gouvernement italien, où il est dit :

1° « *Qu'avant tout M. Ch. Laffitte s'engage à fournir la preuve qu'il est devenu propriétaire d'un nombre d'actions de la Société calabro-sicilienne, déterminé à l'article 27 des préliminaires de conventions ?* » Cette condition n'embarrassait guère M. Ch. Laffitte, puisqu'il faisait partie lui-même de la Société, et qu'il avait le plus vif désir de la liquider.

2° « *Que l'assemblée déléguera* DES PERSONNES *qui devront stipuler au nom de la Société la susdite convention avec le gouvernement italien ?* »

Il est ensuite ajouté que *tout ce qui est dit ci-dessus devra être approuvé par l'assemblée des actionnaires dans le délai déterminé, sous peine de nullité.* » Or, M. Ch. Laffitte s'est bien donné de garde de lire l'article 2, mais il ne pouvait lire l'un sans l'autre, et il a préféré s'abstenir sur le tout, parce qu'il ne voulait pas avoir de délégués avec lui pour faire tous les traités à intervenir. Voilà donc deux conventions importantes que les actionnaires ont ignorées.

Alors M. Ch. Laffitte, pour remplacer auprès du gouvernement lesdits délégués, a fait mettre dans le mandat qu'il sollicitait, qu'il aurait le droit de conférer tous ses pouvoirs à qui bon lui semblerait.

Mais ce n'était pas là la convention qui disait que ces délégués devaient être nommés par les actionnaires.

M. Ch. Laffitte tenait donc bien à être seul ou avec des hommes à lui !

— 45 —

Ainsi, ce mandat n'a pas été donné par les actionnaires en toute connaissance de cause, et par conséquent il est nul de plein droit. Ces pouvoirs disent d'une manière générale que « *les pouvoirs les plus étendus*
sont donnés à M. Ch. Laffitte pour accepter, rejeter ou modifier la conven
tion définitive, le cahier des charges, ainsi que toutes les modifications
statutaires qui en seront la conséquence, même pour l'augmentation du
capital social. »

M. Henri Mirault, qui est avocat, aurait dû faire remarquer à M. Ch.
Laffitte que, d'après l'article 1988 du Code Napoléon, « *le mandat conçu*
en termes généraux n'embrasse que les actes d'administration, et que
s'il s'agit d'aliéner ou d'hypothéquer, ou de quelqu'autre acte de pro
priété le mandat doit être exprès. » Mais M. Mirault n'a jamais eu
l'intention de désobliger M. Ch. Laffitte.

Or, où est-il dit que M. Ch. Laffitte achètera les lignes de Calabre et
de Sicile, 12 928 actions de capital et 50 918 actions de dividende de
cette Société; que M. Ch. Laffitte vendra le réseau du Tessin, et qu'il
fera une nouvelle Société avec de nouveaux statuts au capital de 307 millions 500 000 francs?

Cependant il a fait tout cela.

On répond qu'on renvoie pour le détail du mandat à ces mots : « *ac*
cepter, rejeter ou modifier la convention définitive. »

Mais quelle convention? Est-ce celles que vous n'avez pas lues? car
il y en a deux qui ont été passées sous silence.

Puis, vous vendez au gouvernement italien en 1863 la ligne du Tessin,
quand dans le pacte fondamental de la Société de 1857, il est dit que :
« *l'État ne pourra racheter ladite ligne avant trente ans.* »

Si vous voulez parler de la convention française, le compte rendu de
l'assemblée du 11 octobre 1865, époque à laquelle vous en avez donné
connaissance pour la première fois aux actionnaires, prouve suffisamment qu'il n'en a pas été question à l'assemblée du 19 mai 1863.

Il est dit dans le mandat : *Vous modifierez la Société*, et vous en
faites une nouvelle ; il y est encore dit : *vous augmenterez le capital social*,
et vous le *triplez*. Cependant l'article 1986 du Code Napoléon dit :
« *le mandataire ne peut rien faire au delà de ce qui est porté dans son*
mandat. »

Ensuite, M. Ch. Laffitte avait-il bien expliqué aux actionnaires la
situation des Calabres et Sicile? leur avait-il dit qu'il fallait plus de gendarmes que d'employés pour garder ces lignes; qu'il fallait couper un
kilomètre de forêt de chaque côté de la voie aux frais de la Compagnie,
qu'il fallait aux ingénieurs 30 ou 40 hommes de garde pour aller faire
les tracés en Calabre ; que les révolutionnaires détruisaient les travaux
au fur et à mesure qu'on les exécutait, et qu'enfin le commerce de ces

pays était nul ? M. Ch. Laffitte leur avait-il dit que la construction de ces chemins de fer n'était pour l'État italien qu'un moyen civilisateur et non pas une entreprise industrielle ?

Voilà l'œuvre dont MM. Zacheroni et Ranco ont été les intermédiaires.

Non, rien de tout cela n'a été dit; et bien au contraire on s'est écrié à l'assemblée du 19 mai 1863 : « *L'affaire est tellement belle, que nous pourrons vous donner à l'avenir 6 pour 100, au lieu de 4 1/2, à prendre même sur le capital, et il est fort heureux que M. Laffitte ait été à la fois dans les deux affaires pour faciliter les pourparlers et les transactions;* on a même ajouté, *nous éviterons par ces moyens de changer le nom de votre Société et la nature de vos titres.* » (Voir le compte rendu du 19 mai 1863.)

C'est dans ces conditions que M. Ch. Laffitte a obtenu son mandat en termes généraux : aussi pour moi comme pour tout le monde est-il insuffisant et nul, ainsi que les actes qui en ont été la conséquence.

J'admets, si l'on veut, ce mandat suffisant, obtenu des actionnaires régulièrement et en connaissance de cause.

Je soutiens alors que M. Ch. Laffitte ne pouvait pas l'accepter puisque lui-même déclarait à l'assemblée qu'il était intéressé dans les deux Sociétés. Il était donc alors acheteur et vendeur, mandataire à la fois des deux parties, avec un intérêt personnel contraire à celui de ses mandants; ce que l'article 1596 du Code Napoléon prohibe expressément.

En effet l'intérêt de M. Ch. Laffitte était bien simple à comprendre : la Société de construction Lemmi et Adami lui devait, il en avait les titres. Le seul moyen de se faire payer par cette Société en péril était de changer son débiteur contre un plus solvable, et M. Ch. Laffitte n'en a pas trouvé de meilleurs que de prendre les actionnaires du Victor-Emmanuel, qu'il avait sous la main et qu'il s'est empressé de rendre ses acquéreurs au moyen de leur mandat. Mais il est allé plus loin en leur vendant même des actions de jouissance de cette Société dont il avait une part, et qui dans la situation ne représentaient qu'un bénéfice illusoire. Je ne dis rien de trop, car tout cela résulte des contrats, des comptes rendus d'assemblée et des écrits de M. Ch. Laffitte. Il est donc bien démontré que M. Ch. Laffitte ne pouvait pas être mandataire des actionnaires du chemin de fer Victor-Emmanuel, et que les marchés qu'il a passés en cette qualité sont *nuls.* On m'a rapporté qu'à l'assemblée de la salle Herz, du 12 avril 1866, M. Billebault a fait remarquer à M. Ch. Laffitte que la loi lui interdisait dans de pareilles conditions d'être à la fois mandataire, acquéreur et vendeur, et qu'il avait répondu avec une vivacité peu accoutumée de sa part : « *Les actionnaires n'ont rien à dire, le compte rendu de l'assemblée du 19 mai 1863 prouve que je les avais prévenus de ma situation; il n'y a donc pas eu surprise.* »

Cette réponse peut être celle d'un homme d'esprit, mais à coup sûr elle n'est pas celle d'un homme de bon sens : car il serait par trop facile d'éluder la loi en prouvant que l'on a prévenu sa victime.

Pour moi, elle serait une circonstance aggravante, car elle démontrerait la préméditation.

En effet, que penserait-on d'un avocat qui demanderait l'acquittement de son client en ces termes : « Oui, Messieurs, l'accusé n'est pas coupable, puisqu'il avait prévenu sa victime du tort qu'il allait lui faire, et qu'il lui avait même dit qu'il le lui faisait dans son intérêt. »

Non-seulement une pareille théorie n'est pas soutenable, mais de plus elle est absurde.

Il me semble surabondant, après avoir démontré l'insuffisance, l'illégalité et la nullité du mandat, de démontrer encore qu'il n'a été ni rempli, ni ratifié, car M. Ch. Laffitte ne pourrait pas dire quels étaient et où il a pris les délégués que l'assemblée des actionnaires aurait dû nommer, pour assister à tous les traités, ni montrer un compte rendu où il ait fait ratifier son mandat et où il en ait rendu compte.

M. l'avocat Mirault a donc encore une fois laissé M. Laffitte sauter à pieds joints par dessus l'article 1993 du Code Napoléon. L'intérêt que M. Ch. Laffitte avait à tous ces actes, est donc bien compris, puisque d'une part en faisant acheter les Calabre et Sicile à la Société du Victor-Emmanuel, il rentrait dans une créance compromise, et que d'autre part il noyait dans une nouvelle affaire les 26 millions en obligations dont le capital de la Société de 1857 était dépassé, et qu'en formant une nouvelle Société faisant disparaître la première, il se débarrassait de la garantie de 4 1/2 pour 100 que l'État ne voulait pas reconnaître sur tout le capital dépensé, en prenant à la place une garantie kilométrique.

On se demande si M. Ch. Laffitte connaissait la valeur de l'affaire calabro-sicilienne. Comment pouvait-il en être autrement, puisqu'il en était l'un des fondateurs et qu'il ne pouvait ignorer les traités Lemmi et Adami, ni les termes singuliers du cahier des charges que vous connaissez déjà ?

Cependant il n'hésite pas à venir demander à des Français, sous prétexte de les engager dans une bonne affaire, des capitaux pour civiliser des pays en révolution.

Aussi savait-il très-bien que, pour faire accepter une pareille proposition, il avait besoin d'offrir un appât aux actionnaires, ce qu'il a fait en leur offrant 6 pour 100 au lieu de 4 1/2 ; mais ce bel intérêt n'a été payé que pendant deux ans, au bout desquels le capital était absorbé, sans que les lignes fussent sérieusement avancées. Car le 31 mai dernier, les itinéraires de chemins de fers italiens pris à Turin même ne portaient pour les lignes calabro-siciliennes que 32 kilomètres en exploitation de Palerme à Trabia, et encore était-ce la Compagnie Lemmi et Adami presque seule qui les avait exécutés.

Depuis on a dit qu'il y en avait davantage en exploitation, mais je ne suis pas disposé à y aller voir.

Enfin arrive, comme seule ratification de tous ces actes, la fameuse annonce du 19 décembre 1863. Je l'ai discutée en commençant, j'en ai fait voir la forme illégale, et je ne doute pas que les tribunaux ne la considèrent comme un consentement obtenu par erreur, ignorance et pression (*et contrà bonos mores*), consentement qui, d'après les articles 1109 et suivants du Code Napoléon, est nul de plein droit.

Mais, si ces motifs ne suffisaient pas, il en est un qui compléterait les bonnes raisons : il suffirait d'examiner quelle a été la majorité obtenue par M. Laffitte à l'assemblée du 19 mai 1863.

La Société avait 200 000 actions dont 85 000 encore en caisse (reprises plus tard par MM. Parent et Salamanca) : l'assemblée ne pouvait donc être représentée que par 115 000 actions ; et encore faudrait-il admettre que personne de la province, de l'étranger et de Paris, n'y ait manqué ; ce qui est impossible, comme il est facile de le démontrer.

Ainsi donc, si l'on déclare que cette assemblée avait 115 000 actions ou plus, l'irrégularité est patente, et il eût fallu en détacher à la souche sur les 85 000.

Je demande donc à voir les listes de présence ; les noms des actionnaires, le nombre de leurs actions et leurs numéros, puis, par une annonce, faire appel à tous ceux qui, le 19 mai 1863, étaient actionnaires et n'ont pas assisté ou ne se sont pas fait représenter à cette assemblée. J'ai la conviction que ce serait arriver à un si gros résultat, que l'on découvrirait que cette assemblée n'était représentée que par 50 ou 60 000 actions.

Et voilà la majorité obtenue en France, à Paris, sur laquelle s'appuie M. Ch. Laffitte pour faire une nouvelle Société !

Ainsi donc, tous ces traités n'ont rien de solide et doivent tomber devant une sérieuse discussion, et le jour où les tribunaux les auront annulés, tous les actionnaires auront le droit d'aller 48 bis, rue basse du Rempart, réclamer leurs anciens titres en rapportant les nouveaux.

Voyons maintenant pourquoi ces contrats ont été faits et quelles en ont été les conséquences.

En dehors des intérêts particuliers que j'ai déjà développés, ces actes avaient encore pour mobile des marchés à conclure avec des entrepreneurs auxquels on imposait de reprendre 85 000 actions de la Société de 1857 restées en caisse ; puis de faire des emprunts à divers comptoirs. Mais on n'aura sur tous ces actes des détails précis que lorsque la Chambre des députés aura examiné les livres, ce qu'elle fera sans doute avec soin, et lorsqu'elle aura vérifié la sincérité des actionnaires présents aux assemblées, pour savoir s'il y avait des complaisants comme dans celles des *Ports de Marseille*; et je connais déjà à ce sujet quelques renseignements sérieux.

Il me resterait encore à examiner surabondamment si les statuts de 1857 permettaient de former une nouvelle Société sans liquider la première. Je ne le crois pas, si l'assemblée du 19 mai 1863 n'était pas composée *sans exception* de la totalité des actionnaires, ce qui n'a pas eu lieu évidemment non-seulement par le fait d'absences, mais encore par suite de nombreuses protestations faciles à constater.

M. Ch. Laffite avait si bien compris qu'un seul opposant pouvait arrêter toutes ses combinaisons, qu'il n'a jamais osé faire approuver ses actes dans une assemblée, et que le 31 mai 1865, à Turin, il disait en se glorifiant du succès, que « presque tous les actionnaires avaient adhéré à la nouvelle Société, puisqu'il ne restait plus que 344 titres de l'ancienne Compagnie qui n'avaient pas été échangés. »

J'ai su depuis que M. Ch. Laffitte faisait chercher ces anciens titres et qu'il les payait fort cher, à un tel point qu'il n'en manque plus guère aujourd'hui que 200.

M. Ch. Laffitte croit donc avoir fondu la Société de 1857 dans celle de 1863, mais pour cela ç'eût été règle de droit que de liquider la première Société, pour savoir quel était son apport dans la nouvelle. Et, si elle ne l'a pas été, elle existe toujours, et ses statuts n'ont pas cessé d'être en vigueur.

Voilà ce que M. Laffitte appelle une *reddition de comptes de mandat!*

Tout le monde maintenant doit être convaincu que cette Société est nulle à tout point de vue, et qu'il y a lieu d'espérer que les tribunaux la déclareront telle aux regards des actionnaires, qui sont les mêmes que dans la Société de 1857, laquelle avait 100 millions en actions, et qu'il n'en a pas été émis une nouvelle depuis.

Tous les actionnaires doivent donc faire des vœux pour voir anéantir la Société et les statuts de 1863, monument d'adresse et d'habileté auquel a présidé un homme bien connu par la variété des occupations de sa vie.

Son nom me rappelle un mot d'un célèbre avocat, M⁰ Senart, qui, en plaidant, prononçait ces paroles aussi caractéristiques que peu voilées : *Cet homme est la feuille de vigne de M. Ch. Laffitte !*

NOUVELLES TENTATIVES DE M. CH. LAFFITTE

CONTRE M. BILLEBAULT PARTICULIÈREMENT.

Les procès dirigés contre M. Ch. Laffitte et l'expertise de ses livres par M. Monginot, inquiétaient toujours son esprit et troublaient sa conscience ; il devait donc faire tous ses efforts pour s'en dégager, M. Laffitte, entre autres propositions, et croyant gagner M. Billebault, est allé jusqu'à lui offrir de le présenter à l'Empereur, et la plaidoirie faite au nom du conseil d'administration de la Compagnie du Victor-Emmanuel devant la Cour impériale de Chambéry, le 17 novembre dernier, a prouvé une fois de plus que sa cause était mauvaise, et qu'il avait besoin d'user de petits moyens pour essayer de la rendre meilleure.

J'ai vu les lettres et le manége des négociateurs : mais il ne pouvait plus en envoyer, M. Billebault les repoussait. Il lui fallait une nouvelle combinaison.

La Compagnie, depuis treize ans, avait pour avocat un homme dont l'honorabilité est connue : tout à coup, il est remplacé par un autre. N'était-ce pas pour les délégués l'indice d'une tentative extraordinaire par M. Ch. Laffitte ?

En effet, le 3 novembre dernier, à une heure de l'après-midi, un des amis de M. Ch. Laffitte, qui l'a souvent assisté dans les affaires du Victor-Emmanuel, et qui surtout l'a si énergiquement défendu à l'assemblée du 21 mai 1866, à Turin, se présenta chez M. Billebault, et fut reçu par M. Reinier, l'un des délégués, et moi-même ; nous lui dîmes que M. Billebault était sorti, il le rencontra rue Scribe et lui dit : « M. Laffitte veut vous voir pour vous faire part de négociations entamées avec le gouvernement italien, qui, si elle réussissent, donneront satisfaction à tout le monde en relevant la Société. Il s'agit d'échanger les actions pour des obligations rapportant 15 francs garantis par l'État. Mais le gouvernement italien ne veut pas donner suite aux pourparlers tant que la compagnie sera sous le coup d'un jugement qui peut ordonner sa liquidation. Il faut donc, dans l'intérêt des actionnaires, arrêter tous les procès et c'est pour y aviser que M. Laffitte vous prie de venir avec moi chez son avocat, qui, du reste, est le mien.

Cette personne était déjà venue deux jours auparavant chez M. Billebault, et j'avais entendu les autres délégués dire à M. Billebault qu'il ne devrait pas le recevoir ni l'écouter ; mais ce dernier suppose à tout le monde la même pureté d'intention que la sienne et ne redoute rien.

Cependant il opposa quelque résistance aux propositions qui lui étaient faites, en faisant observer qu'il désirait que son avocat fût à ce rendez-vous. La susdite personne lui répondit « qu'il n'avait rien à craindre, que le caractère de l'avocat lui donnait toute garantie et que son cabinet était un lieu sacré. »

M. Billebault accepta donc le rendez-vous sans défiance, et dans cette première entrevue, qui dura quatre heures, il ne fut question que des moyens de faire aboutir les bonnes intentions du gouvernement italien pour la Compagnie, dont il faisait preuve en prêtant à la Compagnie déjà 18 millions pour continuer les travaux. Mais, comme on ne lui montrait rien de sérieux à l'appui de ces dires, et qu'on ne parlait que de correspondances laissées au bureau, dépêches télégraphiques de M. Ranco, et des nombreux voyages de M. Zacheroni à Florence, sans exhiber de lettres en règles signées de ministres italiens établissant les commencements de cette négociation, M. Billebault ne voulut rien promettre, et l'on ne put rien conclure. Rendez-vous fut donc pris pour le lendemain dimanche à une heure au même endroit dans le cabinet de l'avocat de M. Laffitte. Mais, hélas ! c'était un dimanche, et il eût été difficile de se munir des pièces nécessaires. M. Billebault les accepta donc, jusqu'à preuve contraire, comme exactes, et la discussion roula sur les moyens d'arrêter les procès. Pour dégager sa responsabilité, rien ne lui paraissait plus simple ni plus clair que de soumettre la question aux actionnaires eux-mêmes dans une assemblée générale, et alors de demander à la Cour une remise d'un mois. Mais rien ne fut agréé, et M. Laffitte tenait principalement à changer l'expert, M. Monginot, nommé par le tribunal ; puis des propositions de toute nature furent faites. M. Billebault ne nous en a parlé qu'en frémissant, cependant il les écouta, voulant savoir jusqu'où pouvait aller la terreur qu'inspirait à ses adversaires l'expertise de leurs livres, et il revint avec la conviction qu'ils aimeraient mieux les brûler que de les lui montrer.

Enfin on lui proposa entre autres choses de diriger le débat de manière à faire perdre le procès Brouillet et d'introduire un appel incident parce que M. l'avocat craignait toujours que l'expertise ne fût ordonnée préparatoirement comme ne préjugeant rien. Mais, sourd à toutes ces propositions, M. Billebault en fit le même cas que de leurs aînées, et l'on se quitta sans rien conclure.

Cependant, pour exciter la conversation, on ne cessait de dire que *le silence du cabinet d'un avocat était sacré*. Le lendemain M. Billebault alla porter sa carte à M. l'avocat, et, comme celui-ci était absent, il revint plus tard et lui demanda ce qu'il lui devait pour ces deux vacations.

L'avocat refusa son offre en ajoutant qu'il avait été bien imprudent de venir ainsi chez l'avocat de son adversaire. M. Billebault répondit qu'il n'avait rien à craindre, mais il comprit d'un autre côté que c'était pour lui faire jouer ce rôle que M. Laffitte avait changé le conseil de la Compagnie afin de pouvoir dire que M. Billebault était venu chez M. Laffitte, et sur ce fait broder toutes espèces d'histoires.

S'il y a eu piége, M. Billebault y est tombé, car ce même avocat devant la Cour est venu dire que M. Billebault avait proposé dans son cabinet à M. Laffite de lui faire gagner son procès moyennant finance.

Peut-il exister rien de plus invraisemblable, quand M. Billebault s'est entouré dans cette affaire de tant de publicité, d'un personnel si nombreux, qu'il a repoussé si énergiquement, même par lettre chargée et par huissier les propositions antérieures; quand il a pris soin de n'accepter que des procurations collectives, dont il ne pouvait user sans ses collègues; quand il a confié le soin de toute cette procédure à cinq avoués et à trois avocats, sans jamais s'en mêler personnellement; quand, enfin, il va sans défiance avec un ami de son adversaire chez l'avocat de M. Laffitte sans le sien?

Maintenant, en fait, en admettant qu'il ait fait des propositions ou qu'il ait accepté celles qu'on lui faisait, était-il possible de les mettre à exécution? Non, car je ne crois pas qu'on puisse dicter des jugements aux tribunaux, et, dans l'espèce, tout le monde a la conviction que la cause des actionnaires est tellement bonne, que, quoi qu'on fasse, ils doivent triompher. Ensuite, M. Laffitte a-t-il le loisir d'employer aussi mal son argent, lorsque, comme lui, il faut faire face aux exigences de la Compagnie des lits militaires, de la-liquidation Richard, de la Limited Banque, de la Compagnie Victor-Emmanuel, des affaires de Bourse, et de son existence princière?

Cette séance n'avait pas beaucoup étourdi M. Billebault, car il est rentré en disant : « Le Chevalier ne peut rien, parce que je ne veux rien. »

M. Laffitte et son conseil d'administration ont donc publiquement diffamé M. Billebault sans utilité pour leur cause, et dans le simple but de désorganiser la défense des actionnaires.

La Cour, sur sa demande, en a donné acte, et M. Billebault les a assignés, pour le 11 janvier prochain, devant le tribunal correctionnel de Chambéry. Il a même déféré la conduite de leur avocat au Conseil de l'ordre, de Paris.

Je ne m'explique pas cette manière de se défendre de la part de M. Laffitte. Qu'a-t-il besoin d'attaquer, quand il lui suffit, pour arrêter tous les soupçons, de montrer ses livres, comme il aurait dû le faire depuis longtemps s'il n'avait rien à redouter? Car enfin c'est à lui que les capitaux ont été confiés, c'est donc à lui que tout actionnaire a droit d'en demander compte.

M. Billebault a donc intenté un procès en diffamation au conseil d'administration du Victor-Emmanuel ; mais, comme les délits sont personnels, il lui a fallu assigner chacun des membres séparément ; il lui faudra peut-être demander à la Chambre des députés l'autorisation de poursuivre M. Calvet-Rogniat, dans le cas où la session serait ouverte avant le 11 janvier : il ne reculera pas devant cette formalité, et il espère que la Chambre accédera à sa demande.

Il sera donc démontré une fois de plus que M. Laffitte a grand'peur de l'expertise de ses livres par M. Monginot, et qu'il a un avocat qui comprend bien mal son devoir.

ARRÊT D'INCOMPÉTENCE DE LA COUR DE CHAMBÉRY

DU 1ᵉʳ DÉCEMBRE 1866.

Sur l'appel du jugement du tribunal de Chambéry en date du 27 août dernier, qui ordonnait la vérification des livres de la Compagnie, M. Laffitte a fait plaider l'incompétence des tribunaux de Chambéry ; il comprenait que, ne voulant être jugé nulle part, il était important de ne pas trouver de juges.

La Cour a dit que le tribunal de commerce avait mal jugé, qu'il était incompétent, a renvoyé les parties à se pourvoir où elles aviseront, a rejeté la demande en dommages et intérêts de la Compagnie, a admis l'intervention de Billebault, et lui a donné acte des allégations prononcées par l'avocat de la Compagnie.

La Cour n'a donc point jugé au fond et a laissé la question aussi neuve que devant.

Comme principaux motifs de cet arrêt d'incompétence, la Cour a dit que les statuts de 1863 avaient remplacé ceux de 1853 et de 1857.

Mais alors, pourquoi, en tête des actions, est-il écrit : *Concessions de 1857 et de 1863* ? Il était inutile de donner un titre nul, si les actionnaires ne sont plus régis par les statuts de 1857, et si la seconde Société abroge la première.

La Cour a encore dit qu'il résultait des statuts que le siége social de la Compagnie était dans la capitale du royaume d'Italie, et que le tribunal de Chambéry ne pouvait être compétent que pour ce qui regarde spécialement le réseau de Savoie.

Cependant, les lois et les conventions françaises disent que la Société est établie à Chambéry, et le cahier des charges français impose à la Compagnie d'élire domicile à Paris.

Cependant encore, les actions ne sont pas divisées, et elles ont autant de droit sur le réseau de Savoie que sur le réseau italien.

Enfin, la Cour ajoute que Brouillet ayant accepté les statuts de 1863, puisqu'il a changé son titre, touché les intérêts et assisté aux assemblées, il a renoncé à la juridiction française pour accepter la juridiction italienne, imposée par les statuts de 1863.

C'est justement là qu'est toute la question, car il s'agit de savoir si Brouillet a accepté l'échange des titres sincèrement, en connaissance de cause, ou par erreur et surprise.

Selon moi, Brouillet a fait comme tant d'autres, il a pris ce qu'on lui a donné, s'est laissé éblouir par l'augmentation d'intérêts, et a cru que, d'après l'annonce, il faisait toujours partie de la même Société, ayant la même garantie.

MM. Billebault et Brouillet ne se pourvoiront pas contre cet arrêt devant la Cour de cassation, ils préféreront, dit-on, attendre la décision des tribunaux de Paris.

Jusqu'à présent j'avais cru que le domicile d'une Société était là où se trouvait sa chose exploitée, et qu'en conséquence un chemin de fer pouvait être régulièrement assigné dans toutes ses gares : il paraît qu'il en est autrement pour la ligne de Savoie, parce qu'elle a une portion de son réseau en Italie.

Le conseil d'administration va donc échapper à la vérification de ses livres, peut-être pas pour longtemps, espérons-le.

Aussi ne faut-il pas perdre courage, et les délégués avaient prévu le cas en s'adressant à l'avance aux tribunaux de Paris, car, en admettant même que ces derniers ne se déclarassent pas compétents, ils le seront toujours quant aux faits de responsabilité personnelle qui se sont passés en France.

Ainsi le tribunal civil est compétent pour apprécier les moyens par lesquels la majorité a été obtenue dans les assemblées tenues à Paris ; pour connaître des emprunts faits en France, des échanges de titres, des indemnités de déplacement allouées au président du conseil, de la vente d'obligations et de bien d'autres choses.

De même le Tribunal de commerce de la Seine est compétent pour juger du payement des intérêts, car le domicile du débiteur est là où la dette est payable (cette question vient d'être tranchée en ce sens entre les obligataires de la Compagnie du canal Cavour et l'État italien).

En effet, le porteur du coupon d'intérêt d'action payable à Paris est bien un véritable créancier de la Compagnie, puisqu'il a échangé son action à la condition qu'on lui payerait un intérêt de 6 pour 100 jusqu'à la fin des travaux, et que le conseil d'administration a dû former son capital en prévision de ce payement, qui, s'il n'est pas effectué, donne à l'actionnaire le droit de réclamer son ancien titre pour cause d'inexécution du contrat social. Ainsi donc, quoi qu'il arrive, les actionnaires atteindront leur but en sauvant leur capital ; car, si la lumière se fait, il est impossible qu'on ne leur donne pas un dédommagement.

J'ai tenu à réunir dans un volume tous les documents de cette affaire qui ont été mis à ma disposition, afin de l'envoyer à MM. les députés, au moment où le projet de loi sur la vente du réseau de Savoie va leur être présenté.

Il faut donc se défendre énergiquement, car pour moi l'inertie, c'est la ruine.

Mais d'où vient cette inertie ? Elle vient d'abord de ce qu'un actionnaire espère profiter, sans bourse délier, du procès que son voisin veut bien faire. C'est une erreur, car le poursuivant peut être indemnisé, le procès cesser, et lui seul en avoir le bénéfice. D'un autre côté c'est injuste.

Cette inertie vient ensuite de la division, de la difficulté de se réunir et de s'entendre, inconvénient dont savent si bien profiter les conseils d'administration de Compagnies étrangères.

Enfin, il est des actionnaires qui croient les administrateurs trop haut placés pour qu'on puisse en avoir raison.

Je ne qualifierai pas cette dernière manière de penser dans un pays comme le nôtre, où se trouve la première magistrature du monde, qui, elle aussi, doit se demander pourquoi les administrateurs de Compagnies étrangères sont si riches quand les actionnaires sont ruinés. Il ne faut cependant pas abandonner la défense de ce capital que je ne crois pas perdu, si les débats ont lieu en France, et si les actionnaires ne consentent jamais la vente du réseau de Savoie.

CONCLUSIONS.

Les tribunaux de Chambéry sont donc incompétents ; j'attends la décision des tribunaux de Paris, et j'espère qu'ils donneront le moyen de vérifier les livres de la Compagnie. Les actionnaires ne doivent donc pas se décourager, ils doivent s'entendre pour soutenir énergiquement le procès en nullité de la Société de 1863 devant les tribunaux de Paris. J'ai demandé le payement d'intérêt de mes actions devant le tribunal de commerce de cette ville, et, si je l'obtiens, les conséquences en seront importantes.

Les actionnaires ne doivent consentir la vente du réseau de Savoie que contre un dédommagement sérieux et palpable, ou le conserver comme gage de leurs droits et pour la défense de leurs intérêts. La Chambre des députés, lorsque commenceront devant elle les préliminaires de ce débat, voudra savoir ce que sont devenus les 208 millions qui ont été versés dans les caisses de la Société.

Les actionnaires doivent demander encore par tous les moyens possibles la restitution de la garantie du 4 1/2 donnée dans le principe par le gouvernement italien, condition sans laquelle ils n'auraient certainement pas livré leurs capitaux, ou demander le remboursement de leurs actions en rente italienne. C'est aux actionnaires à décider et à organiser leur défense.

J'ai vu de près les efforts de M. Billebault, et j'avoue que c'est la division entre les actionnaires qui facilite l'impunité des faiseurs d'affaires. S'il se présente un homme énergique, loyal et dévoué, qui veuille voir clairement au fond de ces Sociétés, on crie *haro* sur lui, on l'attaque, on le diffame, et les gros financiers se demandent de quoi se mêle ce monsieur et s'il a mission de redresser les torts de la Société; heureux encore s'il n'est pas persécuté pour avoir voulu démontrer la vérité!

Les délégués du Victor-Emmanuel ont, à juste titre, la conscience d'avoir bien fait leur devoir, et je puis dire qu'ils n'ont épargné ni veille, ni labeur, ni conseils, ni démarches, ni argent pour l'accomplissement de leur œuvre; et s'ils n'ont point encore complétement triomphé devant les tribunaux, ils ont du moins éveillé l'attention publique sur cette malheureuse affaire; et pour mon compte je les en remercie sincèrement.

Dans cette longue discussion, je n'ai rien dit de la responsabilité des administrateurs; c'est pourtant un point assez important pour ne pas être négligé, s'il ne reste plus que cette ressource aux actionnaires.

Il suffit à celui qui veut s'en convaincre de lire l'article 31 du Code de commerce : « La Société anonyme est administrée par des mandataires à temps, révocables, associés ou non associés, salariés ou gratuits. »

L'assemblée du 25 avril 1866 avait donc le droit de révoquer les administrateurs du Victor-Emmanuel et de leur faire défense de gérer pour le compte des quatre cent cinq actionnaires présents à cette assemblée.

Article 32 du même Code : « Les administrateurs d'une Société anonyme ne sont responsables que du mandat qu'ils ont reçu. »

Il suffit donc, pour avoir l'étendue de leur responsabilité, de connaître quel était leur mandat; puisque la loi les considère comme des mandataires. Or, d'après l'article 1991 du Code civil : « le mandataire est tenu d'accomplir le mandat tant qu'il en est chargé, et répond des dommages et intérêts qui pourraient résulter de son inexécution. »

Le mandat confié par les actionnaires du Victor-Emmanuel à leurs administrateurs est tout au long contenu dans les statuts, qui les considèrent comme tellement responsables, qu'ils exigent que chacun d'eux dépose à titre de cautionnement cent actions inaliénables.

Si les actionnaires peuvent arriver à la vérification des livres, tout ce qui sera reconnu ne pas avoir été fait selon ledit mandat devra être impitoyablement mis à la charge du conseil d'administration. Je vais plus loin, il est dit à l'article 1992 du même Code : « Le mandataire répond non-seulement du dol, mais encore des fautes qu'il commet dans sa gestion. »

Or, les administrateurs du Victor-Emmanuel ont-ils bien géré ?

Ont-ils sérieusement contrôlé les comptes, les actes et les dépenses ?

Ont-ils pris leurs délibérations avec soin ?

Le triste résultat où ils ont amené la Société me dispense de répondre ; mais, s'ils ont signé, ils sont engagés et sont responsables. Aussi, sans préjudice de ce que révélera l'expertise de la Compagnie, qu'il me soit permis de dire aux administrateurs du Victor-Emmanuel, et surtout à ceux qui seraient en état de récidive malgré les avertissements tout obligeants qu'ils auraient pu recevoir de M. le président du tribunal de la Seine, que d'après l'article 1992 toujours du même Code, leurs fautes ne doivent pas rencontrer d'indulgence, car il y est dit : « la responsabilité du mandataire relative aux fautes est appliquée moins rigoureusement à celui dont le mandat est gratuit, qu'à celui qui reçoit un salaire. » Et MM. les administrateurs du Victor-Emmanuel, reçoivent annuellement chacun 10 000 francs, et M. Laffitte, président, 50 000.

Le côté vulnérable de la Compagnie, c'est la vérification de ses livres. Tout le monde en comprend l'importance, car la jurisprudence est aujourd'hui fixée sur les devoirs des administrateurs de Sociétés, et les tribunaux pour la sécurité publique n'ont pas hésité à les déclarer responsables personnellement et solidairement de leurs fautes pendant trente ans. Plaise à Dieu que les actionnaires de toutes les Sociétés trouvent à l'avenir des hommes aussi énergiques, aussi dévoués et aussi intègres que l'ont été les délégués d'actionnaires du Victor-Emmanuel, parce qu'alors MM. les administrateurs comprendront l'importance de leur mandat et sauveront leur honneur en sauvegardant la fortune qui leur est confiée.

Il faut reconnaître que M. Billebault est un des rares champions que la défense du droit et de la justice puisse rencontrer et que, si l'État italien accepte un jour un arrangement favorable aux actionnaires, ces derniers le devront en grande partie aux éclaircissements que ses efforts ont apportés sur cette affaire.

RÉSUMÉ GÉNÉRAL PAR QUESTIONS.

1° Quel a été le traité passé avec l'entrepreneur Brassey de Londres pour la construction du réseau de Savoie ?

2° Quelles ont été les difficultés entre M. Brassey et le conseil d'administration du Victor-Emmanuel ?

3° Pourquoi M. l'ingénieur Newman a-t-il quitté la Compagnie ?

4° Comment la ligne du Tessin a-t-elle été payée ?

5° Pourquoi a-t-on fait des emprunts pour la Société de 1857, pendant que cette société avait des titres en caisse ?

6° Quelles ont été les conditions de ces emprunts ?

7° Pourquoi est-il encore dû 4 millions en obligations sur la ligne du Tessin, vendue et payée déjà depuis trois ans ?

8° Pourquoi M. Ch. Laffitte à l'assemblée du 19 mai 1863 n'a-t-il pas déclaré que la Société de 1857 devait 26 millions d'obligations ?

9° Pourquoi ces 26 millions ne figurent-ils pas à l'apport des contractants dans les statuts de la Société de 1863 ?

10° Pourquoi M. Ch. Laffitte n'a-t-il pas donné connaissance à l'assemblée du 19 mai 1863, des conventions additionnelles aux préliminaires d. conventions italiennes, et de la convention française ?

11° L'assemblée du 19 mai 1863 était-elle régulièrement composée ?

12° Quels ont été les traités passés avec MM. Parent et Salamanca ?

13° D'où provenaient les 85 000 actions reprises par MM. Parent et Salamanca ?

14° Est-ce la Société ou les entrepreneurs qui ont fourni les 900 000 francs destinés à compléter le prix des Calabres et Sicile avec les six millions donnés par l'État italien ?

15° Dans quel but M. Ch. Laffitte a-t-il fait la Société de 1863 ?

16° Quelle a été la somme allouée à M. Laffitte par le conseil d'administration pour frais de voyage et indemniser les employés de la Société calabro-sicilienne ?

17° Pourquoi MM. Dailly et Bixio se sont-ils retirés de la Société ?

18° M. Ch. Laffitte a-t-il repris pour son compte 30 000 obligations de la Compagnie et à quelles conditions l'a-t-il fait ?

19° Pourquoi l'exploitation des lignes calabro-siciliennes coûte-t-elle à la Compagnie 11 000 francs par kilomètre.

20° M. Ranco l'ingénieur en chef a-t-il jamais parcouru les lignes de Calabre ?

21° Pourquoi la subvention kilométrique n'est-elle que de 1 400 francs par kilomètre sur les lignes calabro-siciliennes, tandis qu'elle est de 20 000 francs sur les lignes des chemins méridionaux ?

22° Pourquoi sur l'annonce de l'échéance des titres du 19 décembre 1863 y avait-il 21° coupon semestriel à 6 pour 100, puisque c'était le premier coupon payé à ce taux ?

23° N'y a-t-il pas eu des coupons d'actions ou d'obligations payés deux fois dans les bureaux de Paris ?

24° Quelles ont été les dernières paroles de M. de Jartraux à M. Ch. Laffitte en quittant la Compagnie ?

25° Pourquoi M. Laffitte tient-il tant à vendre le réseau de Savoie ?

26° M. Laffitte a-t-il racheté personnellement des anciens titres à des personnes qui n'ont pas voulu faire l'échange ; et combien les a-t-il payés ?

27° Pourrait-on représenter au compte de chaque nom, un nombre d'anciens titres égal au nombre des nouveaux échangés en janvier 1864 ?

—28° Quelle a été la nature du procès de M. Bierfurer devant le Tribunal de commerce de la Seine contre M. Ch. Laffitte ?

29° Pourquoi M. Welles de la Valette a-t-il quitté la Compagnie ?

30° Les membres du conseil d'administration ont-ils jamais garanti personnellement des emprunts faits pour le compte de la Compagnie ?

31° Les membres du conseil d'administration sont-ils d'accord entre eux ? Ont-ils fait faire depuis peu pour leur sécurité personnelle la vérification des livres de la Compagnie ?

32° Enfin, pourquoi le conseil d'administration ne veut-il pas *confier la vérification de ses livres à un expert, comme le jugement du tribunal de commerce de Chambéry l'avait ordonné.*

Je pourrais dès à présent répondre à toutes ces questions ; mais j'aime mieux que ce soit les livres eux-mêmes avec *la brutalité de leurs chiffres irrécusables,* lorsque la Chambre des députés en aura fait faire la vérification, si toutefois M. Laffitte ne trouve pas un moyen de l'éviter.

Paris le 15 décembre 1866.

J. V. de Lizaranzu.

J'avais terminé cet ouvrage, quand M. Billebault me fit part de sa nouvelle résolution, de ne pas pousser plus loin son entreprise.

Je crois devoir formuler nettement les motifs qui l'y ont décidé, et rapporter ici l'acte qu'il a passé avec les membres du conseil d'administration de la Compagnie du Victor-Emmanuel.

Ce document place M. Billebault assez haut dans l'estime publique pour ne pas le passer sous silence.

M. Billebault :

Considérant que la Cour impériale de Chambéry, sans juger au fond a déclaré les tribunaux de ladite ville incompétents en disant que le siége social de la Compagnie du Victor-Emmanuel était dans la capitale du royaume d'Italie;

Considérant que la Cour impériale de Paris rendrait peut-être un arrêt identique; qu'alors les actionnaires de ladite Compagnie n'auraient pas de juges en France dans les questions sociales et n'obtiendraient jamais le compte de l'emploi de leurs 208 millions;

Considérant, en conséquence, que tous ses efforts, toutes ses démarches, et ses dépenses, ainsi que le concours tout dévoué qu'ont bien voulu lui prêter MM. Rouzé et Reinier, ses codélégués, seraient inutiles pour atteindre le but qu'il se proposait, c'est-à-dire d'annuler la Société de 1863;

Considérant que sur quinze cents actionnaires qui se sont fait inscrire chez lui, deux cent-quatre-vingt-quinze seulement lui ont apporté 5288 francs, et que leurs dépenses se sont élevées jusqu'à ce jour à la somme de 22 680 francs;

Considérant que, s'il doit remercier le petit nombre des actionnaires qui lui ont donné leur utile appui, l'indifférence des autres lui prouva aussi qu'ils sont satisfaits, et qu'il n'a pas le droit d'être plus exigeant qu'eux;

Considérant que bientôt le Corps législatif, en discutant le projet de loi sur la vente du réseau de Savoie, éclairera suffisamment l'opinion publique sur la situation et les comptes de la Compagnie;

Considérant que, pour donner un démenti formel aux imputations qu'auraient pu lui faire ses adversaires, il est de sa dignité de ne pas réclamer d'autres dommages et intérêts que ceux que commande l'honneur;

Considérant que, dans un acte enregistré le 20 décembre présent mois à Paris, et déposé chez son notaire, il est dit, article IV : « M. Laffitte déclare à M. Billebault qu'il regrette et retire les paroles qui ont été prononcées en son nom devant la Cour de Chambéry; »

Considérant qu'il autorise tous les actionnaires du Victor-Emmanuel à lever chez ledit notaire copie de l'acte susdit;

Considérant qu'il a déféré la conduite de l'avocat qui a plaidé pour la Compagnie devant la Cour impériale de Chambéry, à l'appréciation du conseil de l'ordre des avocats de Paris, s'appuyant sur ce que ses paroles ont été regrettées et retirées par ses clients;

Considérant alors qu'il est personnellement satisfait;

Considérant que depuis dix mois il invoque tous les moyens possibles pour obtenir la vérification des livres de la Compagnie, et que ces livres, l'on ne sait par quelle puissance, restent toujours cachés;

Considérant que le dévouement sincère n'est pas toujours compris comme il le mérite;

Considérant enfin que de toutes les facultés accordées à l'être pensant appelé actionnaire, il en est une qui consiste à souscrire des actions et à les payer; que cette faculté s'est toujours exercée facilement et sans entrave; qu'en conséquence M. Billebault ne se reconnaît pas le droit de la troubler;

Par tous ces motifs, M. Billebault s'est décidé à adresser aux actionnaires une circulaire pour les prévenir, que tout en ayant la conviction de leur bon droit, il leur laissait à l'avenir le soin de le faire valoir eux-mêmes; qu'en conséquence il a échangé avec le conseil d'administration du Victor-Emmanuel tous désistements purs et simples de toutes instances intentées devant les tribunaux.

Mais il a toujours le droit de leur donner des conseils avec la même indépendance.

J'ai suivi de très-près cette affaire, puisque je suis même intervenu dans le dernier acte, et je ne me lasserai pas de répéter aux actionnaires :

1° Qu'ils ne doivent jamais consentir la vente du réseau de Savoie sans un dédommagement sérieux et acquis;

2° Qu'ils doivent à l'avenir conserver leurs capitaux pour des entreprises françaises;

3° Que lorsqu'ils voudront se défendre, il leur faudra s'associer tous franchement;

4° Qu'il leur faut exiger le dépôt des titres pour les assemblées générales afin de pouvoir en vérifier la sincérité;

5° Qu'ils doivent demander aux tribunaux de Paris la nullité de la Société de 1863, parce que le Corps législatif ne pourra pas s'occuper de l'aliénation *de la chose* d'une société menacée d'un jugement en nullité;

6° Qu'ils peuvent réclamer des dommages et intérêts à tous les Français qui, en France, à Paris, et par leur fait, leur auraient causé un tort quelconque dont ils sont responsables pendant 30 ans, article 1382 et suivants du Code civil sur les quasi-délits, et ce en dehors de la Société italienne, afin que l'on ne puisse plus arguer d'incompétence;

7° Qu'ils sont en droit d'exiger le payement du coupon d'intérêt de juillet dernier en vertu de l'article 32 des statuts, qui en fait de réels créanciers, et en vertu du lieu de payement indiqué à Paris sur ledit coupon (Voir art. III du Code civil).

ACTE

PASSÉ ENTRE M. BILLEBAULT, LE CONSEIL D'ADMINISTRATION DU VICTOR-EMMANUEL ET AUTRES INTERVENANTS.

Entre les soussignés :

Pierre-Charles-Alphonse Billebault, propriétaire, demeurant à Paris, rue de la Chaussée-d'Antin, 58 *bis*, agissant tant en son nom personnel qu'au nom de MM. Rouzé, Reinier et de Lizaranzu, desquels il se porte fort pour leur faire ratifier les présentes, d'une part ;

Et Pierre-Charles Laffitte, président du conseil d'administration du chemin de fer Victor-Emmanuel, agissant tant en son nom personnel qu'au nom de tout ledit conseil, résidant à Paris, rue Basse-du-Rempart, 48 *bis*, duquel il se porte fort pour faire ratifier les présentes, d'autre part ;

Il a été convenu et arrêté ce qui suit :

1° Les sommations faites à M. Laffitte les quinze et dix-sept de ce mois par M. Billebault sont nulles et non avenues ;

2° MM. Laffitte et Billebault, tous deux ès noms, se donnent réciproquement désistement pur et simple de toutes actions intentées devant tous tribunaux au nom des susnommés par l'une des parties contre l'autre ou à leur instigation :

3° M. Billebault déclare avoir mandat de la majeure partie des quinze actionnaires qui ont intenté un procès à la Compagnie du Victor-Emmanuel et pour lesquels M. Dromery, avoué, occupe près le tribunal de la Seine, et M. Billebault s'engage à rapporter leur désistement dans les limites de son pouvoir, c'est-à-dire qu'il pense avoir le droit, dès à présent, de le donner au nom ou de l'obtenir de presque tous, sans toutefois le garantir, mais il ne négligera rien à cet effet, et ce dans le plus bref délai ;

4° M. Laffitte déclare à M. Billebault qu'il regrette et retire les paroles qui ont été prononcées en son nom devant la Cour de Chambéry ;

5° Chacune des parties payera les frais qu'elle aura faits sans pouvoir exercer contre l'autre aucune répétition ;

6° Les parties s'engagent à se rapporter réciproquement la ratification des présentes, tel qu'il est dit ci-dessus, cejourd'hui même, à six heures du soir, dans les bureaux de la Compagnie, rue Basse-du-Rempart, 48 *bis*.

Les présentes ont été convenues et arrêtées de bonne foi entre les parties et devront être exécutées de même. En conséquence, elles seront ratifiées par signification d'avoué à avoué, et acceptation réciproque donnée à l'avance, sans entrave ni difficultés de part et d'autre et suivant les besoins.

Fait double, à Paris, le dix-huit décembre mil huit cent soixante-six.

> Approuvé l'écriture. *Signé :* A. BILLEBAULT-DUCHAFFAULT.
> Approuvé l'écriture. *Signé :* Ch. LAFFITTE.
> Approuvé l'écriture. *Signé :* J. V. DE LIZARANZU, 81, rue Saint-Sauveur.
> Approuvé l'écriture. *Signé :* A. DE BOURGOUIN.
> Approuvé. *Signé :* MIRAULT.
> Approuvé l'écriture. *Signé :* CALVET-ROGNIAT.
> Approuvé l'écriture ci-dessus. *Signé :* ROUZÉ.
> Approuvé l'écriture ci-dessus. *Signé :* REINIER.

Ensuite est écrit :

Enregistré à Paris, le vingt décembre mil huit cent soixante-six, folio 21 verso, case 7. Reçu deux francs trente centimes, décime compris. Signé illisiblement.

Expédié et collationné par M⁰ Delaporte, notaire à Paris, soussigné, sur l'original de l'acte sous signatures privées ci-dessus transcrit, déposé pour minute audit M⁰ Delaporte, suivant acte reçu par lui et son collègue, le ving-quatre décembre mil huit cent soixante-six, enregistré, le tout étant en sa possession.

DELAPORTE.

Je suivrai cette affaire avec soin, de manière à pouvoir donner à mes lecteurs un second volume, qui traitera de la matière jusqu'au dénoûment, quel qu'il puisse être.

FIN.

TABLE DES MATIÈRES.

FIN DE LA TABLE.

9189. — Imprimerie générale de Ch. Lahure, rue de Fleurus, 9, à Paris

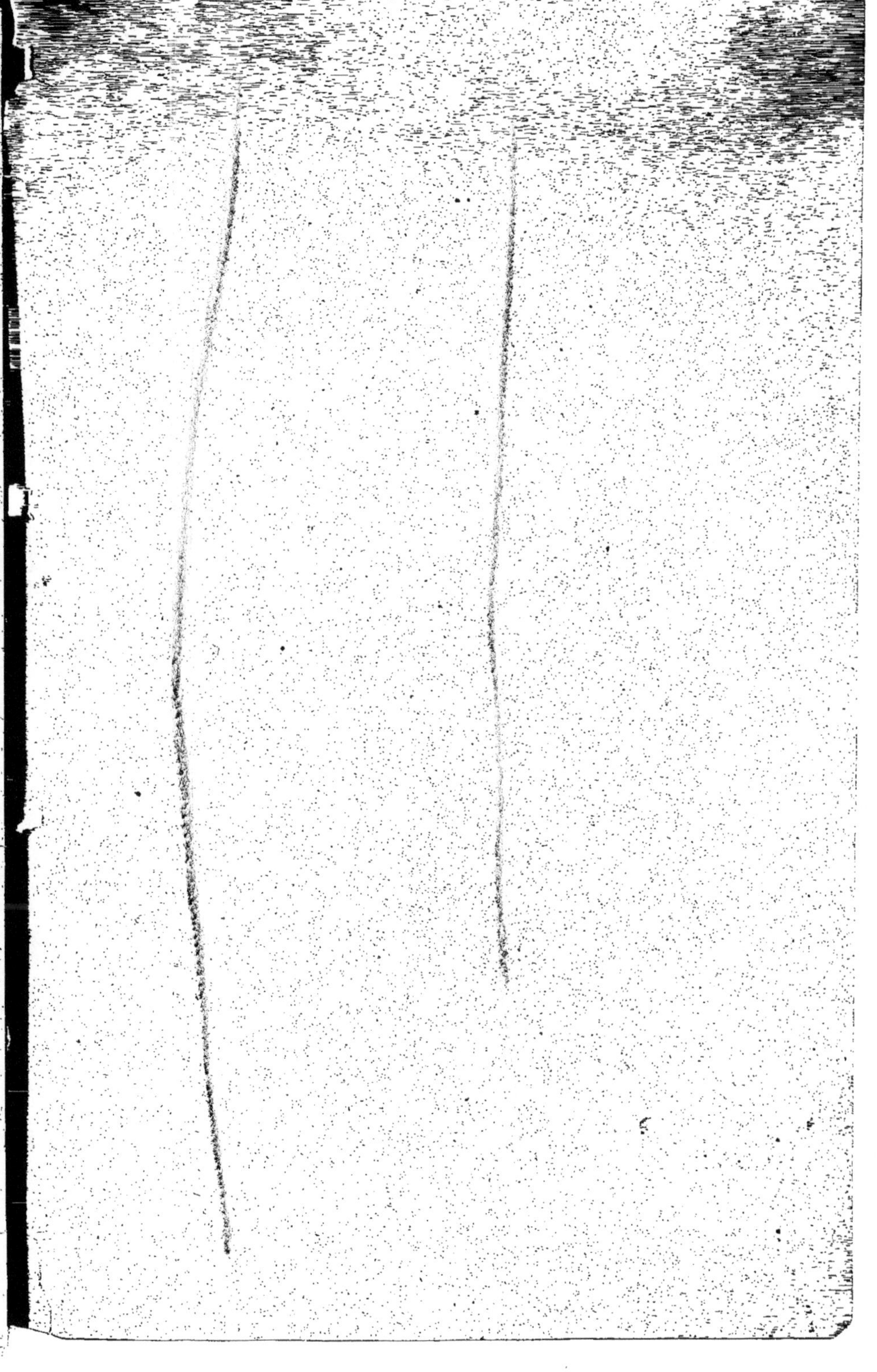